WordPressの達人が教える

本気でカッコよくする
WordPressで人気ブログ

思いどおりのブログにカスタマイズする
プロの技43

尾形義暁
染谷昌利

ソーテック社

読者特典

「WordPressのテーマをカスタマイズするために
覚えておきたいPHPの基礎」
「テーマをカスタマイズするのに便利なツール」
の特別原稿をプレゼント！

https://h-w-b.net/download/

パスワード：wordpresscustomaize0319

特典PDFの内容

テーマカスタマイズを便利に進めるためのツール
- パソコン上に、自分だけが確認できるWordPressサイトをつくるツール
- PHPのコードを見やすく整形したり、コードの予測変換をしてくれたりする「エディター」
- 編集したテーマファイルをサイトへアップロード・ダウンロードする「FTPソフト」

テーマカスタマイズに必要なプログラム・WordPressのルール
- WordPressのテーマカスタマイズに必要になるPHPの基礎
- WordPressテーマの構造とルール
- 子テーマのつくり方
- WordPressでJavaScriptを扱うときの注意点

より深いテーマカスタマイズに
チャレンジする際に参考に
してみてください！

本書に掲載されている説明を運用して得られた結果について、筆者および株式会社ソーテック社は一切責任を負いません。個人の責任の範囲内にて実行してください。本書の内容によって生じた損害および本書の内容に基づく運用の結果生じた損害について、筆者および株式会社ソーテック社は一切責任を負いませんので、あらかじめご了承ください。
本書の制作にあたり、正確な記述に努めておりますが、内容に誤りや不正確な記述がある場合も、筆者および株式会社ソーテック社は一切責任を負いません。本書の内容は執筆時点においての情報であり、予告なく内容が変更されることがあります。また、環境によっては本書どおりに動作および実施できない場合がありますので、ご了承ください。
本文中に登場する会社名、商品名、製品名などは一般的に関係各社の商標または登録商標であることを明記して本文中での表記を省略させていただきます。本文中には®、™マークは明記しておりません。

はじめに

　私は最初、無料ブログサービスでブログをしていましたが、そのうち「本気でブログをやるなら、絶対に独自ドメインをとって WordPress でやるべきだ！」と聞いて、WordPress でブログをはじめました。
　WordPress のインストールはレンタルサーバーの機能で簡単にできましたが、はじめて触る WordPress には「プラグイン（拡張機能）」や「テーマ（デザインテンプレート）」といった聞き慣れない言葉が多く、最初は「なんか難しいことに手を出してしまった……」と思ったことを覚えています。
　記事の作成は早い段階で慣れたものの、テーマやプラグインの設定はいろいろな画面を何度も行ったり来たりしながら、たくさんのサイトを巡りながら設定していきました。
　幸い、私はソフトやツールを試すことが好きだったので途中でめげたり投げ出したりすることはありませんでしたが、今思えばずいぶん遠回りをしたものだと思います。遠回りが悪いことではありませんが、**「WordPress がよくわからなくてブログがつまらなくなってしまう」のはもったいない**ので、本書では WordPress 初心者の多くが通る道を迷わず、まっすぐ進めるように道標を立てたつもりです。
　投稿の編集・公開、プラグイン・テーマの設定のポイントを押さえたら、その先は無限に広がる分かれ道です。
　ブログをどう見せたいか、使うテーマやプラグイン、HTML・CSS カスタマイズの有無などなど、自分だけの道を進むことになるでしょう。
　本書では、特定のテーマやプラグインを例に設定やカスタマイズ方法を紹介していますが、自分だけの道を突き進みはじめてから道に迷ったとしても、自分の力で解決して次に進めるように、ほかのテーマやプラグインを使った際に注意するポイントにも触れています。もし、本書で紹介している以外のテーマやプラグインを使う際には、そのポイントを参考に応用してみてください。

　次のような人は、ぜひ本書で一緒に学んでほしいです。

- なんとなく WordPress でブログをつくってみたけれど、1度ちゃんとした使い方を勉強してみたい
- WordPress をもっと便利に使えるようにステップアップしたい
- プラグインを使ってブログに機能を追加したい
- もっと「自分らしいブログ」をつくるためにカスタマイズしたい

　WordPress を使ってブログをはじめてみると、いろいろな悩みや「やりたいこと」がたくさん出てきます。WordPress は自由度が高く、使いこなせば自分の思いどおりのブログをつくることができますが、その分覚えることが多く、初心者には少し難しいかもしれません。

　ですが、その「難しい」部分にちょっとずつ挑戦してレベルアップしていくことで、WordPress を使いこなしてブログを運営できるようになっていきます。

　本書では、WordPress ブログを運営していくうえで必要になる WordPress の基礎・基本から、プラグインやテーマを使ったカスタマイズ、HTML や CSS を使った見出しやボタンのデザインカスタマイズなど、WordPress の応用技まで紹介しています。

　ブログの記事の書き方については、2018 年末に WordPress 5.0 で大幅にアップデートされた投稿作成画面「Gutenberg」を使って解説しています。また、ちょっと目につきづらい設定だけど、知っていると便利な小技についてもところどころ触れているので、ぜひ参考にしてみてください。

　本書を片手に、実際にブログを操作しながら WordPress の使い方をマスターしていきましょう！　**ブログはあくまで情報発信するためのツールであり、自分を表現することのできるツール**でもあります。WordPress の操作に慣れて、より発信することに力を注いでいただけたら幸いです。

　また、長くブログを運営していると、いつか「ほかにはない自分だけのブログ」をつくりたいと思うことがあるでしょう。もし、ブログをカスタマイズしてパワーアップさせたいと思ったときに、本書が何かお役に立てることを願っています。

尾 形 義 暁

CONTENTS

Chapter-1
ブログにページを追加して公開する

01 ブログにページを追加する「投稿」と「固定ページ」の違い 14
- ❶ ブログにページをつくる最初の一歩
- ❷ 日々更新するブログ記事は「投稿」で作成する
- ❸「固定ページ」は「このブログについて」など、独立したページを作成する
- ❹「投稿」と「固定ページ」を使い分ける

02 Gutenberg編 ❶
「投稿」「固定ページ」の基本的な書き方 18
- ❶「投稿」「固定ページ」を新規作成してみよう
- ❷ 投稿のタイトルを入力しよう
- ❸「段落ブロック」を使って本文を作成してみよう
- ❹「続きを読む」エリアの追加のしかた

03 Gutenberg編 ❷
「ブロック」の基本的な使い方 23
- ❶ 段落ブロック以外のブロックを追加してみよう
- ❷ 編集中のブロックに CSS クラスを設定してみよう
- ❸ ブロックはほかのブロックに変換できる！
- ❹ ブロックの順番を入れ替えてみよう
- ❺ ブロックを削除してみよう

04 Gutenberg編 ❸
本文作成でよく使うブロックの使い方 27
- ❶ 画像を挿入してみよう
- ❷ 見出しの追加のしかた
- ❸ リストの追加方法
- ❹ ほかにも多くのブロックがある
- ❺ HTML を直接追加・編集する

05 Gutenberg編 ❹
投稿の設定と公開のしかた..32
- ❶ 投稿に「カテゴリー」を設定してみよう
- ❷ 投稿に「タグ」を設定してみよう
- ❸ アイキャッチ画像を設定してみよう
- ❹ 投稿ごとのURL（パーマリンク）を設定してみよう
- ❺ 投稿の確認と公開

06 Gutenberg編 ❺
定型文としてブロックを使い回す「再利用ブロック」.....................37
- ❶ 段落ブロックを再利用ブロックにしてみよう
- ❷ 再利用ブロックを使ってみよう
- ❸ 再利用ブロックを編集してみよう
- ❹ 再利用ブロックを通常ブロックへ変換する
- ❺ 再利用ブロックの削除と注意点

07 クラシックエディター編 ❶
「Classic Editor」プラグインのインストールと「投稿」「固定ページ」の新規作成..41
- ❶ 「Classic Editor」（クラシックエディター）をインストールしてみよう
- ❷ 「投稿」「固定ページ」を新規作成してみよう
- ❸ 投稿のタイトルを入力しよう
- ❹ 投稿の本文を入力してみよう
- ❺ 「カテゴリー」「タグ」を設定してみよう
- ❻ アイキャッチ画像を設定してみよう
- ❼ 投稿のURLを設定しよう
- ❽ 投稿を公開しよう

08 クラシックエディター編 ❷
ビジュアルエディターの使い方..47
- ❶ ビジュアルエディターを使ってみよう
- ❷ 見出しを設定してみよう
- ❸ 画像を挿入する
- ❹ リンクを設定しよう
- ❺ 文字を太字やイタリック体にしてみよう
- ❻ リスト（箇条書き）形式にしてみよう
- ❼ 「続きを読む」を挿入してみよう
- ❽ 表示するボタンの数を増やしてみよう
- ❾ ビジュアルエディターで使えるボタンの機能

09 クラシックエディター編 ❸

テキストエディターの使い方 54
　❶ テキストエディターを使ってみよう
　❷ 投稿画面をカスタマイズしてみよう

10 投稿の編集とカテゴリーやタグの編集 56
　❶ 作成済みの「投稿」を確認したり、編集したりしてみよう
　❷「カテゴリー」を編集してみよう
　❸「タグ」を編集してみよう

Chapter-2
WordPress の設定を変えてブログをつくり込む

11 WordPressの管理画面からブログの初期設定をしよう 62
　❶ 管理画面の操作をマスターしよう
　❷ それぞれのメニューでできることをマスターしよう

12 WordPressでブログをつくったら
まずやっておくべき初期設定 65
　❶ パーマリンクを設定しよう
　❷ ユーザーの表示名設定
　❸ 日時の表示設定
　❹ コメントの表示設定

13「テーマ」を変更してブログのデザインを変えてみる 69
　❶ WordPress サイトのデザインを変更する「テーマ」
　❷「テーマ」を検索してみよう
　❸「テーマ」をインストールしてみよう
　❹ テーマを変更してみよう

14「テーマカスタマイザー」でブログのデザインを
カスタマイズしてみよう 76
　❶「テーマカスタマイザー」で設定を変更してみよう
　❷ 変更した設定を確認してみよう
　❸ テーマによって設定できる内容が違う

15 ブログの「メニュー」をつくる..................80
- ❶「メニュー」をつくってみよう
- ❷ メニュー項目を並び替えたり、階層化してみよう
- ❸ メニューの表示位置を選択して保存しよう
- ❹ メニューを複数作成してみよう
- ❺ メニューの編集と削除をしてみよう
- ❻ メニューの表示位置を管理しよう
- ❼ メニュー設定のオプションを見ておこう

16 「ウィジェット」で、ブログに「最新記事一覧」や「ブログ内検索」を表示する..................91
- ❶ ブログに最新記事の一覧など、ブログパーツを追加できる「ウィジェット」
- ❷「ウィジェット」を設定してみよう

Chapter-3
ブログに強力な機能を追加できる「プラグイン」

17 最初に入れておきたいおすすめプラグイン..................96
- ❶ ブログのSSL対応が簡単にできる「Really Simple SSL」
- ❷ お問い合わせフォームを作成できる「Contact Form 7」
- ❸ お問い合わせ内容をデータベースに保存する「Flamingo」
- ❹ Google Analyticsのタグを簡単にブログに追加できる「GA Google Analytics」
- ❺ SNSシェアボタンを設置「WP Social Bookmarking Light」
- ❻ XMLサイトマップを作成「Google XML Sitemaps」
- ❼ スパムコメント対策「Akismet Anti-Spam」
- ❽ データ・ファイルの自動バックアップ「BackWPup」
- ❾ 日本語環境での最適化「WP Multibyte Patch」

18 プラグインのインストール方法..................123
- ❶ ブログにさまざまな機能を追加できる「プラグイン」
- ❷ プラグインの検索とインストール方法
- ❸ プラグインを検索してインストールする方法
- ❹ ZIPファイルをアップロードしてプラグインをインストールする
- ❺ プラグインの停止・削除方法

Chapter-4
高機能で便利な WordPress テーマを使ってみる

19 公式テーマと非公式テーマの違い 130
　❶ インストール方法の違い
　❷ 機能面の違い

20 非公式テーマをWordPressにインストールする方法 132
　❶ 非公式テーマの入手方法
　❷ 非公式テーマをダウンロード・インストールする
　❸ 非公式テーマをインストールして有効化する

21 非公式テーマ「yStandard」の設定をする 135
　❶ テーマのカスタマイズを考えているなら「子テーマ」をインストールしておく
　❷ yStandard テーマの設定画面（テーマカスタマイザー）を開く
　❸ サイトの基本情報を設定する
　❹ デザイン設定をする
　❺ SNS の連携を設定する
　❻ アクセス解析の設定をする
　❼ 広告の設定をする
　❽ 著者情報を編集する
　❾ スマートフォンでブログを表示したときの設定をする
　❿ 設定方法やアップデートでの変更点はテーマの公式情報をチェックする

Chapter-5
「yStandard」を使って
ブログをカッコよくカスタマイズする

22 実際にTOPページや詳細ページをカスタマイズしてみよう 154
　❶ TOP ページをカスタマイズしよう
　❷ 記事詳細ページをカスタマイズしよう
　❸ お問い合わせページをカスタマイズしよう

23 TOPページのレイアウトをワンカラムに変更する 157
　❶ ブログの TOP ページをワンカラムにする

❷ TOPページのSNSシェアボタンや著者情報を非表示にする
❸ サイトロゴを設定する
❹ ヘッダーロゴ・ヘッダーメニューのレイアウトを調整する

㉔ ブログのメニューを設定しよう 163
❶ 固定ページにメニューを設定する
❷ メニューを作成して、固定ページを追加する
❸ カテゴリー一覧ページへのリンクを設定する

㉕ 3列横並びのコンテンツをつくろう 168
❶ ブログに横並びのコンテンツをつくってみよう

㉖ 見出しのスタイルをカスタマイズしよう 172
❶ 見出しのスタイルをスタイルシート（CSS）でカスタマイズする
❷「クラスの追加」と「追加CSSの編集」を繰り返してカスタマイズする
❸ カスタマイズで使う「色」について
❹ 見出しスタイルのサンプル

㉗ ボタンのスタイルをカスタマイズしよう 178
❶ ボタンに反映されているCSSをGoogle Chromeの
　デベロッパーツールで確認する
❷ ボタンブロックで追加したボタンをCSSでカスタマイズする

㉘ ブログの最新記事一覧を表示しよう 181
❶ Gutenbergの機能を使ってブログの最新記事を自動で表示する
❷ カテゴリーで絞り込んだ記事一覧を作成する

㉙ 情報のまとまりごとに背景色を変えてみよう 184
❶ 情報のまとまりごとに背景色を変えて区切りを強調する
❷ ほかのブロックと幅と位置をあわせたり、余白を調整したりする

㉚ yStandardの便利機能で人気記事を表示しよう...................................189
❶ 人気記事ランキングを「ショートコード」で表示する
❷ ショートコードのパラメーターを指定して表示方法を変える

㉛ 投稿内の見出しのスタイルをまとめて
CSSでカスタマイズしよう 192
❶ 投稿内の見出しにまとめてCSSを反映させる
❷ 先に追加していた見出しのスタイルに影響がないか確認する

㉜ 太字のデザインをCSSカスタマイズする..................................196
　❶ WordPress の編集画面で強調した部分は「strong」タグがつく
　❷ 強調部分のカスタマイズ❶ 太字にする（基本形）
　❸ 強調部分のカスタマイズ❷ 文字色を変える
　❹ 強調部分のカスタマイズ❸ 下線を引く
　❺ 強調部分のカスタマイズ❹ 蛍光ペンで線を引いたようにする

㉝ 投稿にGoogleマップやSNSの投稿を表示する..................................200
　❶ Google マップを記事に表示する方法
　❷ SNS の投稿をブログに埋め込む

㉞ サイドバーに検索フォームや広告を配置しよう..................................205
　❶ サイドバーを編集する
　❷ サイドバーに設置しておきたいウィジェット

㉟ 追従サイドバーに人気記事ランキングを配置しよう..................................209
　❶ スクロールにあわせて画面に表示され続ける「追従サイドバー」に
　　 人気記事ランキングを表示させる

㊱ お問い合わせページを作成しよう..................................212
　❶ 「Contact Form 7」でお問い合わせフォームをつくる
　❷ 代表的なフォームの項目を見ておこう
　❸ シェアボタンなどが不要な場合は非表示にしよう

㊲ 記事に自動で目次を表示させよう..................................223
　❶ 記事内の見出しを目次として表示するプラグイン「Table of Contents
　　 Plus」の設定方法

㊳ フッターを設定しよう..................................226
　❶ フッターの編集方法とおすすめのウィジェット

Chapter-6
デザインや独自のプログラムを追加して自分のブログをカスタマイズする

㊴ WordPressブログのカスタマイズの流れ..................................230
　❶ WordPress ブログは「テーマ」をカスタマイズする

❷ WordPress のテーマはどうやってカスタマイズする？
❸ WordPress テーマのカスタマイズの大まかな流れ
❹ 本気で WordPress テーマをカスタマイズするなら「子テーマ」を使おう

㊵ WordPressのテーマはパソコン上でカスタマイズする 232
❶ カスタマイズの失敗はよくある！
　⇒ 管理画面からのカスタマイズはリスクがある
❷ テーマカスタマイズのミスを防ぐしくみは完璧ではない
❸ 管理画面からだと、複数のファイルが同時に編集できない
❹ カスタマイズを中断できるようにパソコン上でカスタマイズする
❺ CSS のカスタマイズはカスタマイザーの「追加 CSS」を使う

㊶ WordPressのテーマはどのようにつくられている？ 236
❶ WordPress のテーマは複数のファイルでできている
❷ ページに表示される部分は PHP ファイルを編集する
❸ 装飾は CSS ファイルを編集する

㊷ デザインカスタマイズ基礎－HTML 239
❶ Web ページの文章を構造化する HTML
❷ HTML の書き方
❸ HTML は適切な意味で使用する
❹ HTML タグ一例

㊸ デザインカスタマイズ基礎－CSS 245
❶ Web ページの見た目を整える CSS
❷ CSS がないとどうなるか
❸ CSS の書き方
❹ HTML と CSS を対応させる方法
❺ CSS を書く場所
❻ CSS の優先順位
❼ よく使う CSS プロパティ
❽ padding と margin の違いと使うポイント
❾ 改行する要素と改行しない要素
❿ スマートフォンとパソコンでスタイルを分ける方法

あとがき 262

Chapter - 1

ブログにページを追加して公開する

ブログをはじめたら、まずは1番重要になる「記事を作成する方法」を覚えましょう！ WordPressでブログにページを追加する「投稿」「固定ページ」の作成、記事本文の入力方法や画像の追加方法、ページの公開設定の手順について見ていきます。

WordPressのインストールについては「特典PDF」をご覧ください。

ブログにページを追加する「投稿」と「固定ページ」の違い

WordPressのインストールが完了してブログが見られるようになったら、ページを追加してみましょう。WordPressでは「投稿」か「固定ページ」を作成してページを追加します。まずは「投稿」と「固定ページ」の追加方法と、それぞれの役割の違いについて見ていきます。

> Check!
> - ☑ ブログ記事は「投稿」で作成する
> - ☑ 「このブログについて」「プロフィール」「問い合わせ」など、変化の少ないページは「固定ページ」で作成する
> - ☑ 「投稿」と「固定ページ」を使い分けて、ブログの変化に対応しやすくする

1 ブログにページをつくる最初の一歩

WordPressのインストールができたら、ブログに記事を投稿していきましょう。WordPressにはページを追加する機能として「投稿」と「固定ページ」があります。

● 管理画面のメニューにある「投稿」と「固定ページ」

どちらもページを追加する機能ですが、できることに違いがあるので、まずは「投稿」と「固定ページ」の使い方や違いについてお話しします。

2 日々更新するブログ記事は「投稿」で作成する

「投稿」で作成するページの特徴について見ていきましょう。

「投稿」に作成したページは、ブログの更新情報として「記事の一覧」や「最近の投稿一覧」に表示されます。

●「投稿」は「記事の一覧」や「最近の投稿一覧」に表示される

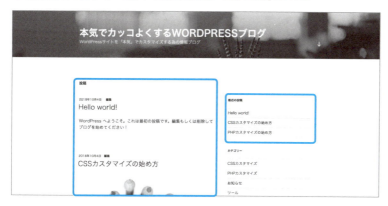

「固定ページ」は「最新情報の一覧」に表示されないため、新着情報を表示するためにも「投稿」に記事を作成していきましょう。

❶ カテゴリーやタグで分類分けできる

「投稿」で作成したページは、カテゴリーやタグで分類分けをすることができます。カテゴリーやタグがついた記事を一覧で表示するページも自動で作成されるため、カテゴリーやタグを設定することで「あるテーマについて書いた記事」の一覧を見てもらうこともできます。

●「CSSカスタマイズ」というカテゴリー分けされた一覧ページの例

❷ URLの構造を変更できる

「投稿」で作成したページは、設定でURLの構造を変更することができます。記事のURLに投稿年月日を含めたり、カテゴリー情報を含めたりなど、好きなURL構造を設定することができます。

URL構造の変更方法（パーマリンク設定）については、Chapter-2の⑫でお話しします。

● 「投稿」ならURLの構造（パーマリンク）を設定できる

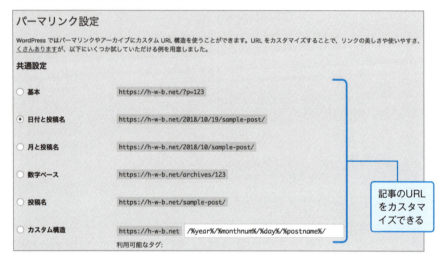

記事のURLをカスタマイズできる

③ 「固定ページ」は「このブログについて」など、独立したページを作成する

「固定ページ」で作成したページは、ブログの更新情報に表示されません。

カテゴリーやタグで分類分けをすることもできないので、**「このブログについて」や「プロフィール」といった独立したページに使います。**

また、「固定ページ」のURLは「https://[ドメイン]/[固定ページ名]」となり、「投稿」で作成したページのURL構造とは別の構造になります。

「投稿」と「固定ページ」を使い分ける

　「投稿」と「固定ページ」はどちらでもページを作成できますが、なるべく使い分けるようにしましょう。

　「このブログについて」や「運営者プロフィール」などが更新情報に表示されてもいい場合は、全部「投稿」で作成しても特に問題はありません。

　「投稿」と「固定ページ」はデザインを分けることができるので、後々「固定ページだけは広告やシェアボタンを表示しない」といったカスタマイズをすることも考えて分けて使いましょう。

　ブログは運営していくうちにデザインや機能を追加・変更したくなることがあります。それぞれの特徴を活かしてページを作成することで、ブログを長く運営するうえでさまざまなカスタマイズに柔軟に対応しやすくなります。

> **Advice** 役割にあわせて「投稿」と「固定ページ」を使い分ける
>
> ★ 「投稿」と「固定ページ」を使い分けることで、ブログ運営の変化に柔軟に対応しやすくなる
> ★ 「投稿」は、更新情報となるブログ記事を作成する
> ★ 「固定ページ」は「このブログについて」や「運営者プロフィール」など独立したページを作成する

投稿と固定ページのどちらにするか迷ったら、「プロフィール」「このブログについて」「お問い合わせページ」は固定ページ、それ以外は投稿でつくってみましょう！まずは書くことに慣れることです！

02 Gutenberg編 ❶ 「投稿」「固定ページ」の基本的な書き方

2018年12月にバージョンアップされたWordPress 5.0から、「投稿」の入力方法が大きく変わりました。新しく搭載された「Gutenberg」と呼ばれるエディターを使って、投稿本文を作成する方法を見ていきます。

Check!
- ☑ 「投稿」の本文は「ブロック」を使って作成する
- ☑ 文章を入力する基本的なブロックは「段落ブロック」
- ☑ 「画像ブロック」や「見出しブロック」など、さまざまな役割のブロックを組みあわせて投稿を作成する

1 「投稿」「固定ページ」を新規作成してみよう

「投稿」の新規追加は、管理画面の「投稿」から「新規追加」もしくは「投稿」メニューをクリックして表示された投稿一覧ページの上部にある「新規追加」ボタンをクリックします。

● 「投稿」の「新規追加」のしかた

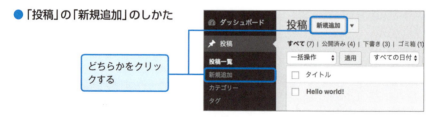

どちらかをクリックする

「固定ページ」の場合も同様に、管理画面のメニューにある「固定ページ」から「新規追加」もしくは「固定ページ」メニューをクリックして表示された固定ページ一覧ページの上部にある「新規追加」ボタンをクリックします。

2 投稿のタイトルを入力しよう

手順 「タイトルを追加」と書かれた部分にカーソルをあわせて、投稿のタイトルを入力する。Enterキーを押すとタイトルの入力が完了し、カーソルが本文に移動する。タイトルの入力はこれで完了。

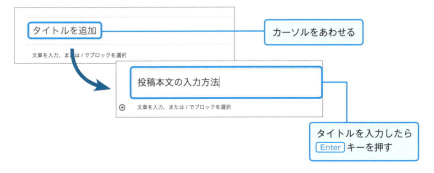

③ 「段落ブロック」を使って本文を作成してみよう

「Gutenberg」には、文章を入力する「段落ブロック」、画像を挿入する「画像ブロック」など、いくつかの役割が違うブロックがあります。

このブロックをいくつも積み重ねてひとつの投稿ができるイメージです。まずは基本的なブロックの操作方法について見ていきましょう。

● 本文は「ブロック」を組みあわせてつくる

❶「段落ブロック」を挿入しよう

ブロックの中で1番基本になるのが「段落ブロック」です。

手順1 「文章を入力、または / でブロックを選択」と書かれた部分をクリックして文章を入力しはじめると、自動で「段落ブロック」が追加される。ブロックの種類を指定しない場合は、基本的に「段落ブロック」になる。

手順2 文字を入力し、Enter キーを押すと新しい段落ブロックが追加される。

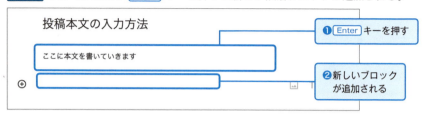

　このように「**文章の入力 ⇒ Enter キー ⇒ 新しいブロックの追加 ⇒ 文章の入力**」を繰り返すことで、段落を連続して作成することができます。

❷「段落ブロック」内で改行してみよう

　「段落ブロック」内で Enter キーを押すと、今まで入力していた段落ブロックの編集が確定し、新しいブロックが追加されてしまいます。**段落ブロック内で改行したい場合は、Shift キーを押しながら Enter キーを押します。**

❸ 文字に装飾してみよう

　入力したテキストは、ブロック上部のツールバーや右側のメニューから装飾や設定を変えることができます。

手順1 入力している段落ブロックの上に表示されたアイコンで、テキストを左揃え・中央揃え・右揃えに変更することができる。

手順2 テキストを選択して B や I をクリックすると、選択した個所を太字やイタリック体にすることができる（B：太字、I：イタリック体、🔗：リンクの挿入、ABC：打ち消し線）。

手順3 そのほか、ブロックの編集中に画面の右側に表示されるメニューで、文字のサイズや色を変更することができる（設定できるメニュー項目はブロックの種類によって違う）。

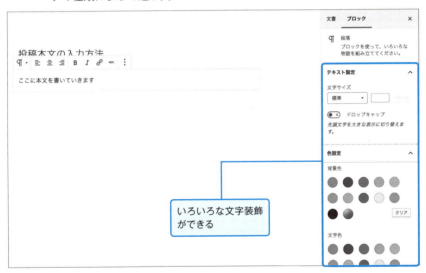

4 「続きを読む」エリアの追加のしかた

　WordPressでは投稿内に「続きを読む」の設定をすることで、一覧ページに投稿の一部だけを表示することができます。**投稿が長くなる場合は「続きを読むブロック」を追加して一覧ページに表示する内容の量を調整しましょう。**

手順1 「投稿ブロック」から「レイアウト要素」にある「続きを読む」をクリックする。

手順2 投稿に「続きを読む」ブロックを挿入すると、投稿の一覧ページには「続きを読む」より前の部分だけが表示される。

Advice
ブロックを組みあわせて本文を作成する！

★ 投稿本文は、いろいろな役割を持つ「ブロック」を組みあわせて作成する

Gutenberg編 ❷
「ブロック」の基本的な使い方

「ブロック」にはさまざまな種類がありますが、まずは、どのブロックにも共通するブロックの追加や削除など基本的な操作方法について紹介します。

Check!
- ☑ ブロックの追加・挿入は ⊕ ボタンを使う
- ☑ ブロックの変換や順番の入れ替えをうまく活用して本文を編集する

1 段落ブロック以外のブロックを追加してみよう

段落ブロック以外のブロックを追加する場合は、新しいブロックの左横に表示された ⊕ ボタンをクリックして、追加するブロックを選択します。

手順1 新しいブロックの左横に表示された ⊕ ボタンをクリックする。

手順2 利用できるブロックの一覧が表示されるので、追加したいブロックをクリックすると、編集画面にブロックが追加される。

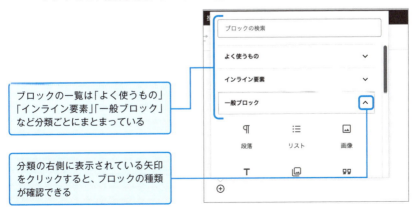

ブロックの一覧は「よく使うもの」「インライン要素」「一般ブロック」など分類ごとにまとまっている

分類の右側に表示されている矢印をクリックすると、ブロックの種類が確認できる

● ⊕ボタンは、画面左上にもある

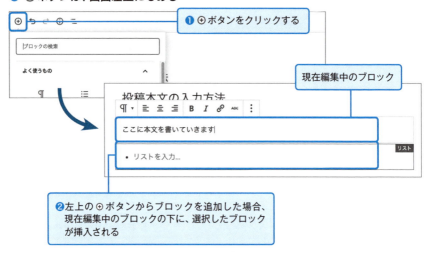

2 編集中のブロックにCSSクラスを設定してみよう

手順 画面右側メニュー下部にある「高度な設定」では、編集中のブロックにCSSクラスを設定することができる。

3 ブロックはほかのブロックに変換できる！

手順1 編集中ブロックの左上に表示されたアイコンをクリックする。

手順2 変換できるブロックが表示されるので、変換したいブロックをクリックする。

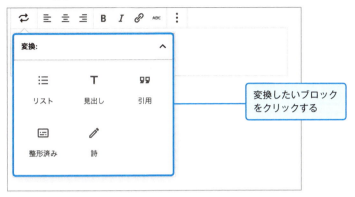

変換したいブロックをクリックする

ブロックが変換され、もともと書かれていたテキストは変換後のブロックにあわせて書式が変更されます。

たとえば下の例では、段落ブロックをリストブロックに変換しました。

入力されていた2行のテキストが変換され、1行ずつリストに変換されています。「段落ブロックからは見出しブロックに変換できるけれど、リストブロックから見出しブロックに変換はできない」など、変換できるものとできないものがありますが、あとからブロックを変更したくなった場合は、ブロックの変換を活用してみましょう。

● 「段落ブロック」を「リストブロック」に変換した例

4 ブロックの順番を入れ替えてみよう

ブロックは並び順を変更することもできます。

手順 移動したいブロックをクリックすると、ブロックの左側に上下の矢印が表示される。表示された矢印をクリックすることで、選択中のブロックを移動させることができる。もしくは、上下矢印の中央にある ⋮⋮ をクリックしたままドラッグ＆ドロップすることでブロックの位置を移動させることもできる。

5 ブロックを削除してみよう

手順 ブロックの削除は、削除したいブロックをクリックして、右上に表示された ⋮ ボタンをクリックしてメニューを開く。メニュー内の「ブロックを削除」をクリックすると、選択していたブロックを削除することができる。

Advice ブロックの変換や順序入れ替えなど便利な機能を活用しよう

★ ブロックは作成後に別のブロックへ変換することもできる
★ ブロックは順序を入れ替えることもできる

04 Gutenberg編 ❸ 本文作成でよく使うブロックの使い方

ここからは、実際に投稿の本文を作成するうえでよく使うブロックの使い方を見ていきます。

Check!
- ☑ 「画像ブロック」や「見出しブロック」など、さまざまな役割のブロックを組みあわせて投稿を作成する
- ☑ テーマやプラグインで使えるブロックを増やすことができる

1 画像を挿入してみよう

投稿に画像を追加する場合は、「画像ブロック」を使います。

手順1 画像ブロックを追加すると、「アップロード」「メディアライブラリ」ボタンが表示される。画像をパソコンからアップロードする場合は、「アップロード」ボタンをクリックして追加する画像を選択する。

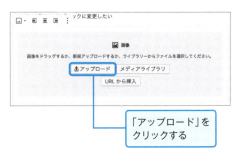

「アップロード」をクリックする

手順2 選択した画像が表示されたら、「キャプションを入力…」をクリックし、画像の説明を入力することができる。

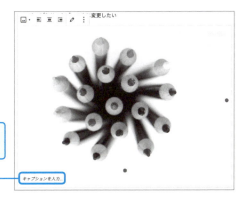

「キャプションを入力…」をクリックする

手順3 画面右側にある「画像設定」で、画像の代替テキストや画像サイズ、画像のリンク先を設定することができる。

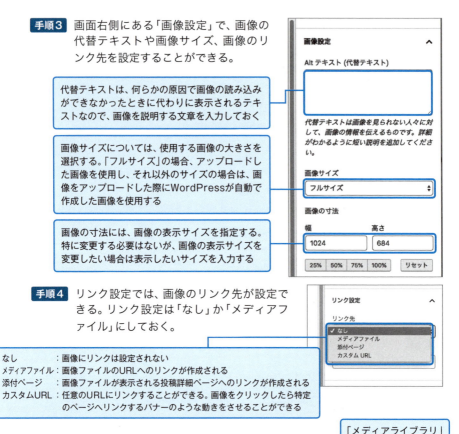

代替テキストは、何らかの原因で画像の読み込みができなかったときに代わりに表示されるテキストなので、画像を説明する文章を入力しておく

画像サイズについては、使用する画像の大きさを選択する。「フルサイズ」の場合、アップロードした画像を使用し、それ以外のサイズの場合は、画像をアップロードした際にWordPressが自動で作成した画像を使用する

画像の寸法には、画像の表示サイズを指定する。特に変更する必要はないが、画像の表示サイズを変更したい場合は表示したいサイズを入力する

手順4 リンク設定では、画像のリンク先が設定できる。リンク設定は「なし」か「メディアファイル」にしておく。

なし　　　　：画像にリンクは設定されない
メディアファイル：画像ファイルのURLへのリンクが作成される
添付ページ　　：画像ファイルが表示される投稿詳細ページへのリンクが作成される
カスタムURL　：任意のURLにリンクすることができる。画像をクリックしたら特定のページへリンクするバナーのような動きをさせることができる

手順5-1 表示する画像をアップロード済みの画像から選ぶ場合は、「メディアライブラリ」ボタンをクリックする。

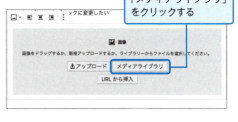

「メディアライブラリ」をクリックする

手順5-2 アップロード済みの画像が一覧で表示されるので、追加したい画像をクリックし、右下の「選択」ボタンをクリックする。画像が挿入されたら、代替テキストやリンクの設定をしておく。

❶追加したい画像をクリックする

❷「選択」をクリックする

２ 見出しの追加のしかた

投稿に見出しを追加する場合は、「見出しブロック」を使います。

手順1-1 見出しの入力エリアに文章を入力し、上に表示されている「H2」「H3」「H4」で見出しの種類を設定する。「H2」などの設定はHTMLの「<h2>」タグなどと対応していて、「H2」は「<h2>」タグ、「H3」は「<h3>」タグで作成される。

見出しを選択する

手順1-2 「H1」「H5」「H6」を設定したいときは、画面右側の「見出し設定」から変更する。

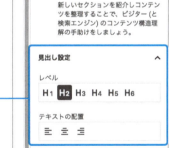

「H1」「H5」「H6」は、こちらから設定する

３ リストの追加方法

投稿にリストを追加する場合は、「リストブロック」を使います。

手順 リストブロックを追加すると、リストの編集エリアが表示される。文章を入力して Enter キーを押すと、次の行が作成される。

番号つきリストへの変更やインデントの設定ができる

ほかにも多くのブロックがある

　ここまで、投稿を作成する際によく使うブロックを見てきましたが、ほかにもたくさんのブロックが用意されています。
　またテーマやプラグインによって、使えるブロックの種類を増やすこともできます。ブロックごとに設定できる項目は違いますが、ブロック入力域の上に表示されたボタンか、編集画面右側に表示された設定を操作することで設定できます。

 ## HTMLを直接追加・編集する

やり方❶ 「カスタムHTMLブロック」の追加のしかた

　SNSの埋め込み用コードなど、HTMLで入力する必要があるものは「カスタムHTMLブロック」に貼りつけます。

手順1 「カスタムHTMLブロック」を追加すると、HTML編集エリアが表示される。

クリックする

手順2 ブロック編集エリアの上に表示されている「プレビュー」をクリックすると、編集しているHTMLをプレビュー表示できる。複雑なHTMLを入力するときは、適宜プレビューしながら入力する。

クリックする

```
<a class="btn" href="#">カスタムHTML</a>
```

やり方❷ ブロックをHTMLとして編集する

「カスタムHTMLブロック」以外でもHTMLを編集することができます。

手順1 編集中ブロックの右上に表示された ⋮ ボタンをクリックしてメニューを開く。「HTMLとして編集」をクリックすると、」編集中のブロックをHTMLとして編集することができる。

❶ ⋮ ボタンをクリックする

❷「HTMLとして編集」をクリックする

HTMLのクラス属性を使って、細かい装飾をする場合などに活用する

手順2 元の表示に戻す場合は、ブロックの上に表示された ⋮ ボタンをクリックして、「ビジュアル編集」をクリックする。

❶ ⋮ ボタンをクリックする

❷「ビジュアル編集」をクリックする

Advice 適した役割のブロックを使おう！

★ 画像は「画像ブロック」を使う
★ 見出しは「見出しブロック」を使う
★ HTMLで入力するものは「カスタムHTMLブロック」を使う
★ 「カスタムHTMLブロック」以外に、HTML編集する方法もある
★ テーマやプラグインによって使えるブロックを増やすこともできる

Gutenberg編 ❹

投稿の設定と公開のしかた

投稿本文の編集が完了したら、カテゴリーやタグなどの設定をして、投稿を公開しましょう。

Check!
- ☑ 画面右側の「文書」メニューで、カテゴリーなどの投稿の設定をする
- ☑ 公開前に「プレビュー」ボタンで、実際に表示されるページを確認する

1 投稿に「カテゴリー」を設定してみよう

投稿本文が作成できたら、カテゴリーやタグといったの投稿の設定をしていきます。

手順1 画面右側のメニューの「文書」をクリックする。

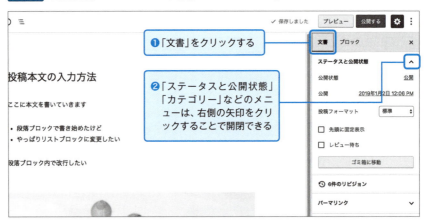

手順2 「カテゴリー」メニューを開く。新しいカテゴリーを追加する場合は「新規カテゴリーを追加」をクリックし、新しいカテゴリーを入力する。

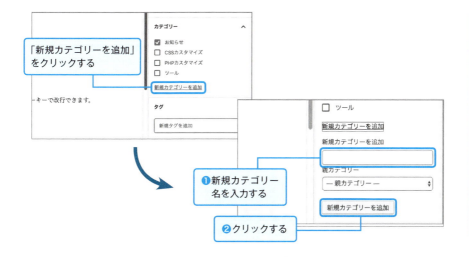

　投稿作成画面からはカテゴリーのスラッグを設定できないので、投稿作成後にカテゴリーの編集でスラッグを再設定しましょう。

　カテゴリーの編集方法についてはChapter-1の⑩でお話しします。

2　投稿に「タグ」を設定してみよう

　「カテゴリー」とは違った視点で投稿を分類したい場合、「タグ」を活用します。

手順　「タグ」は、直接タグ名を入力して設定する。作成済みのタグに似た内容を入力すると、入力欄の下に候補が表示される。

3　アイキャッチ画像を設定してみよう

　アイキャッチ画像は、投稿の先頭に表示されたり、記事一覧ページのサムネイル画像として表示されたりする画像です。

手順1 「アイキャッチ画像を設定」をクリックする。

手順2 画像の選択画面が表示されるので、設定する画像を選択し、右下の「選択」ボタンをクリックする。

手順3 選択した画像が表示されたら設定完了。

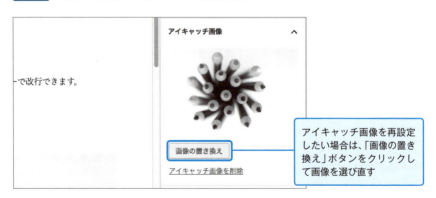

投稿ごとのURL（パーマリンク）を設定してみよう

投稿のURLは、タイトルにカーソルをあわせると表示される「パーマリンク」から設定します。

手順1 パーマリンクの右側に表示された「編集」ボタンをクリックすると、URLの入力エリアが表示される。

❶ タイトルにカーソルをあわせる
❷「編集」をクリックする

手順2 投稿の内容に沿ったわかりやすい半角英数字でURLを入力したら、「保存」ボタンをクリックする。もしURLの入力エリアが表示されない場合は、1度下書き保存をしてから再度タイトルにカーソルをあわせてみる。

❶ 半角英数字でURLを入力する
❷「保存」をクリックする

投稿の確認と公開

投稿のもろもろの設定ができたら、編集した投稿がどのように表示されるのか確認してみましょう。

手順1 画面右上の「プレビュー」ボタンをクリックすると、作成した投稿が実際のページでどのように表示されるか確認できる。

「プレビュー」をクリックする

手順2 もし書きかけの状態で保存したい場合は、「下書きとして保存」ボタンをクリックすると、入力した内容を下書きとして保存できる。

「下書きとして保存」をクリックする

手順3 プレビューを確認しておかしなところがあれば修正し、内容に問題がなければ、画面右上に表示された「公開する」ボタンをクリックして投稿を公開する。

「公開」ボタンを押さないかぎり誰も見ることができないので、編集が完了したら忘れずに「公開」ボタンを押す

Advice 「文書」メニューから投稿全体の設定をする

★ カテゴリーやタグの設定は、画面右メニューの「文書」をクリックすると表示される
★ URLの入力エリアは、タイトルにカーソルをあわせると表示される

URLは半角英数で入力しましょう！SNSなどにシェアした際、URLの日本語部分が「%E3%83%A9」のようなよくわからない文字の羅列になってしまいます。公開前にURLを必ず再確認しましょう！（英語のスペルミスにも気をつけて！）

06 Gutenberg編 ❺ 定型文としてブロックを使い回す「再利用ブロック」

ブロックの便利な使い方として、作成したブロックを定型文のように登録して、ブログ内で何度も使えるようにする「再利用ブロック」というしくみがあります。

Check!
- ☑ よく使うフレーズや記事の導入部分で使う挨拶などは、「再利用ブロック」に登録しておくと便利
- ☑ 「再利用ブロック」を修正すると、一括でほかの投稿にも反映されるので注意が必要

1 段落ブロックを再利用ブロックにしてみよう

まずは、再利用ブロックとして登録するためのブロックを作成します。ここでは、段落ブロックを例にしていますが、ほかのブロックでもかまいません。

手順1 「段落ブロック」に定型文を書く。

→ 定型文を書く

手順2 ツールバーの ⋮ ボタンをクリックし、表示されたメニューの「再利用ブロックに追加」をクリックする。

❶ ⋮ ボタンをクリックする

❷「再利用ブロックに追加」をクリックする

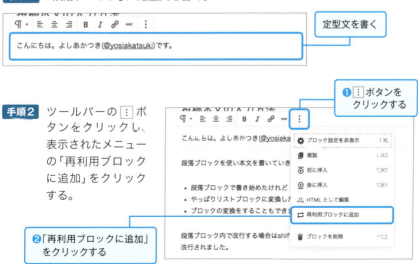

手順3 作成する再利用ブロックの名前を入力して、「保存」ボタンをクリックしたら完了。

2 再利用ブロックを使ってみよう

作成した再利用ブロックは、利用できるブロックの一覧に表示されます。

手順 一覧からアイコンをクリックすると投稿に追加できる。

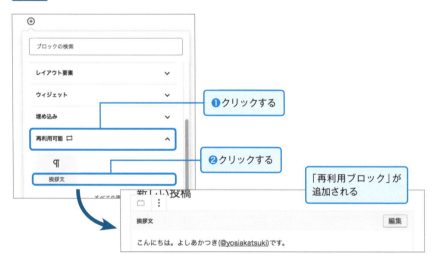

3 再利用ブロックを編集してみよう

　再利用ブロックは、ただカーソルをあわせても内容を編集することができない点が、ほかのブロックと違います。「編集」ボタンをクリックしてから編集する必要があります。再利用ブロックは、ブログ全体で同じフレーズや記述を表示したいときにとても便利ですが、**修正した場合は編集したブロックだけでなく、ほかの投稿で使われている再利用ブロックにも一括で反映されるので注意が必要**です。

手順 1　「編集」ボタンをクリックする。

手順 2　「編集」ボタンをクリックすると、ブロックの内容と投稿の名前が編集できるようになる。内容を編集したら「保存」ボタンをクリックする。

4　再利用ブロックを通常ブロックへ変換する

　もし、再利用ブロックの一部を変更して投稿内で使用したいときは、再利用ブロックから通常のブロックへ変換することで、ほかの投稿で使用している再利用ブロックに影響せずに内容を編集することができます。

手順 1　ツールバーの︙ボタンをクリックし、表示されたメニューの「通常のブロックへ変換」をクリックする。

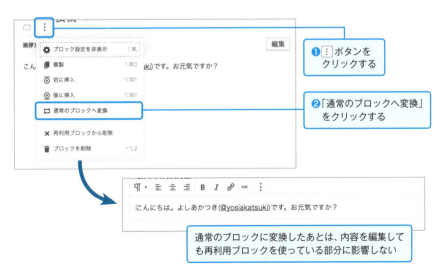

再利用ブロックの削除と注意点

再利用ブロックには、次の２種類の削除のしかたがあります。

再利用ブロックとして使わなくなった場合は、「再利用ブロックから削除」で再利用ブロックとしての登録を解除できますが、ブログ内で同じ再利用ブロックを使っている部分の表示がなくなってしまうので注意しましょう。

もし、再利用ブロックを使っている場所があれば「再利用ブロックから削除」をする前に通常ブロックへ変換しておきましょう。

● **再利用ブロックの削除には２種類ある**

❶「再利用ブロックから削除」は再利用ブロックとしての登録を解除する

❷「ブロックを削除」はほかのブロック同様、投稿からブロックを削除する

● **「再利用ブロックから削除」をした場合のほかの投稿**

削除された再利用ブロックが使われていた部分には「ブロックは削除されたか、利用できません。」と表示され、ページ上には何も表示されなくなる

Advice 「再利用ブロック」を活用しよう

★ 定型文の登録機能のように使える「再利用ブロック」というしくみがある
★ 「再利用ブロック」の一部を変更して使いたい場合は、通常ブロックに変換してから編集する
★ 「再利用ブロック」から削除してしまうと、今まで「再利用ブロック」を使っていた部分の表示もなくなってしまう

07 クラシックエディター編 ❶ 「Classic Editor」プラグインのインストールと「投稿」「固定ページ」の新規作成

新しく搭載された「Gutenberg」エディターの「ブロック」という考え方に慣れない場合、Microsoft Wordで文章を作成するように本文の入力ができたり、HTMLを直接入力できたりするWordPress 4.9より前の入力方式に変更することができます。

Check!
- ☑ 「Classic Editor」プラグインで旧方式の入力画面にできる
- ☑ クラシックエディターでは「ビジュアルエディター」と「テキストエディター」を使って本文を作成する
- ☑ クラシックエディターでは、設定項目の並び替えや表示・非表示を切り替えられる

1 「Classic Editor」(クラシックエディター) をインストールしてみよう

投稿の編集画面を「Gutenberg」からWordPress 4.9より前の入力方式に変更するためには、「Classic Editor」(クラシックエディター) プラグインをインストールします。

手順1 管理画面の「プラグイン」から「新規追加」でプラグインの新規追加画面を開き、検索キーワードに「Classic Editor」と入力する。「Classic Editor」が一覧に表示されたら、「今すぐインストール」をクリックする。

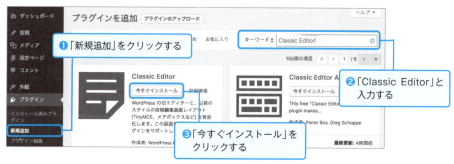

手順2 続けて「有効化」ボタンをクリックする。

「有効化」をクリックする

Advice 旧式の入力方法にも変更できる

★「Classic Editor」プラグインをインストール・有効化すると旧方式の投稿画面にできる

② 「投稿」「固定ページ」を新規作成してみよう

　「投稿」の新規追加は、管理画面のメニューにある「投稿」から「新規追加」もしくは「投稿」メニューをクリックして、表示された投稿一覧ページの上部にある「新規追加」ボタンをクリックします。

どちらかをクリックする

　「固定ページ」の場合も同様に、管理画面のメニューにある「固定ページ」から「新規追加」もしくは「固定ページ」メニューをクリックして、表示された固定ページ一覧ページの上部にある「新規追加」ボタンをクリックします。

投稿のタイトルを入力しよう

手順 「ここにタイトルを入力」と書かれた部分にカーソルをあわせて、投稿のタイトルを入力する。Enter キーを押すとタイトルの入力が完了し、カーソルが本文に移動する。タイトルの入力はこれで完了。

カーソルをあわせてタイトルを入力する

 ## 投稿の本文を入力してみよう

本文の入力方法は、「ビジュアル」と「テキスト」の2つがあります。

「ビジュアル」は、実際のページの表示に近い形でプレビューしながら文章を入力する方式です。Microsoft Wordのように、入力した文章を選択してボタン操作で太字にしたり見出しを設定したりして本文を作成します。

「テキスト」は、HTMLを直接編集するときに使います。文章のプレビューはできませんが、細かなHTMLの調整をするときに活躍します。

それぞれのエディターの使い方については、「ビジュアル（47頁）」と「テキスト（54頁）」を参照してください。

● **本文はタイトルの下に表示された大きな入力エリア**

「ビジュアル」と「テキスト」はタブで切り替える

 ## 「カテゴリー」「タグ」を設定してみよう

画面右側の「カテゴリー」「タグ」から設定するカテゴリーを選択したり、タグを入力したりします。

カテゴリーを新しく追加する場合は、カテゴリー一覧の下に表示された「新規カテゴリーを追加」をクリックする

6 アイキャッチ画像を設定してみよう

アイキャッチ画像は、投稿の先頭や記事一覧ページのサムネイル画像として表示されます。

 投稿画面右列にある「アイキャッチ画像」の「アイキャッチ画像を設定」をクリックする。

「アイキャッチ画像を設定」をクリックする

 画像のアップロード・選択画面が表示されるので、新しく画像をアップロードする場合は「ファイルをアップロード」を、すでにアップロード済みの画像から選ぶ場合は「メディアライブラリ」をクリックして画像を選択する。

ファイルのアップロードは、「ファイルをアップロード」をクリックして表示されたアップロード画面に画像ファイルをドラッグ&ドロップするか、「ファイルを選択」ボタンをクリックしてパソコンから画像を選択する

手順3 アイキャッチ画像に設定する画像を選択できたら、右側に表示された「タイトル」「キャプション」「代替テキスト」「説明」を入力する。すべての項目を入力する必要はないが、何らかの原因で画像が読み込めなかった場合に代わりに表示する「代替テキスト」については、なるべく入力しておく。入力が完了したら「アイキャッチ画像を設定」をクリックする。

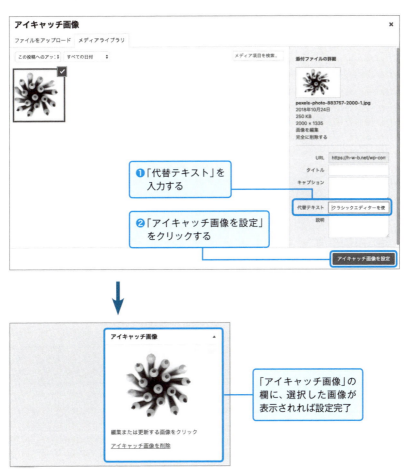

アイキャッチ画像を変更したい場合は、表示されている画像をクリックして画像を選択し直すか、「アイキャッチ画像を削除」をクリックしてから再度アイキャッチ画像の設定をしましょう。

投稿のURLを設定しよう

投稿のタイトルの下に表示されている「パーマリンク」から、投稿のURLを設定します。多くの場合、投稿のタイトルは日本語になります。その場合URLにも日本語が入ってしまうので、半角英数のみのURLに修正します。

手順 パーマリンクの右側にある「編集」ボタンをクリックする。

投稿を公開しよう

タイトル、本文、カテゴリーやタグ、アイキャッチの設定ができたら投稿を公開しましょう。

手順 画面右上に表示された「公開」ボタンをクリックする。これで投稿の公開は完了。もし書きかけの状態で保存しておきたい場合は、「下書きとして保存」ボタンをクリックする。

Advice　2種類の方法で投稿を作成できる

★ クラシックエディターでは、「ビジュアル」と「テキスト」の2つのエディターを使って本文を入力する

クラシックエディター編 ❷
ビジュアルエディターの使い方

「ビジュアルエディター」は、入力エリアの上に表示されたボタンを使ってテキストの装飾ができます。テキストの装飾や追加した画像をプレビューしながら文章を作成できます。

Check!
- ☑ Microsoft Wordのように、入力した文章を選択してボタン操作で太字にしたり見出しを設定したりできる
- ☑ 実際に表示される見た目に近い状態で投稿を編集できる

1 ビジュアルエディターを使ってみよう

手順 ビジュアルエディターを使用するためには、本文入力エリア右上の「ビジュアル」をクリックする。

「ビジュアル」をクリックする

2 見出しを設定してみよう

　見出しは1〜6までの階層があり、「見出し1」が1番大きな見出しとなります。また、見出し1〜見出し6の数字はHTMLのh1〜h6と対応しています。

手順1 見出しにしたい文章を選択する

選択する

手順2 入力エリア左上の「段落」リストから、見出しを設定する。

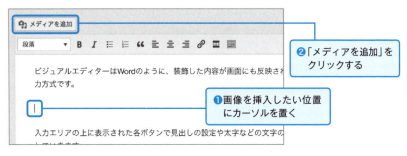

選択する

3 画像を挿入する

手順1 画像を挿入したい位置にカーソルをあわせ、入力エリア左上にある「メディアを追加」ボタンをクリックする。

❶画像を挿入したい位置にカーソルを置く

❷「メディアを追加」をクリックする

手順2 画像のアップロード・選択画面が表示されるので、新しく画像をアップロードする場合は「ファイルをアップロード」、すでにアップロード済みの画像から選ぶ場合は「メディアライブラリ」をクリックして画像を選択する。

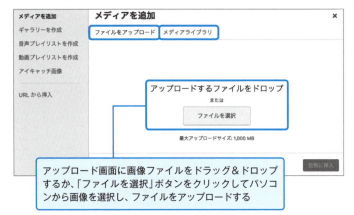

アップロード画面に画像ファイルをドラッグ＆ドロップするか、「ファイルを選択」ボタンをクリックしてパソコンから画像を選択し、ファイルをアップロードする

手順3 アップロードした画像が選択された状態になったら、右側に表示された「タイトル」「キャプション」「代替テキスト」「説明」を入力する。

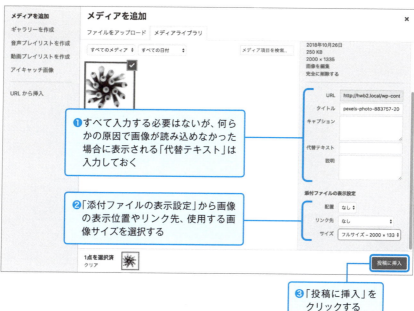

❶ すべて入力する必要はないが、何らかの原因で画像が読み込めなかった場合に表示される「代替テキスト」は入力しておく

❷「添付ファイルの表示設定」から画像の表示位置やリンク先、使用する画像サイズを選択する

❸「投稿に挿入」をクリックする

● 挿入した画像は入力エリアにも表示される

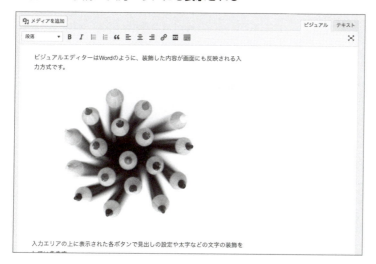

リンクを設定しよう

手順 テキストにリンクを設定する場合、リンクにしたいテキストを選択して「リンクの挿入/編集」ボタン 🔗 をクリックする。選択したテキストの下に表示された入力欄にURLを入力すると、選択したテキストがリンクになる。

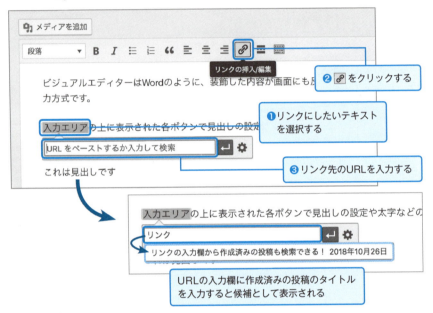

5 文字を太字やイタリック体にしてみよう

手順 太子にしたいテキストを選択し、B をクリックする。イタリック体も同様にテキストを選択し、I をクリックする。

6 リスト（箇条書き）形式にしてみよう

手順 リストにしたいテキストを選択して をクリックする。

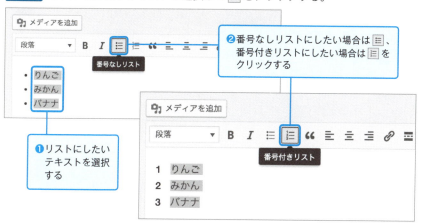

7 「続きを読む」を挿入してみよう

「投稿一覧ページ」に表示する本文を［「続きを読む」タグを挿入］ボタン で区切ります。

手順 区切りたいところにカーソルを置いて をクリックする

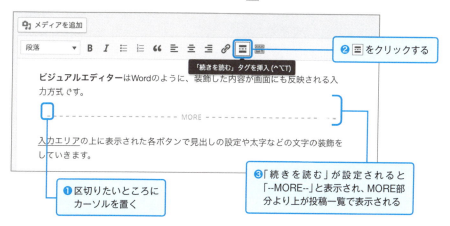

8 表示するボタンの数を増やしてみよう

初期状態では装飾のためのボタンが1行だけ表示されていますが、「打ち消し線」や「テキスト色」などのボタンが追加で表示されます。

手順 1番右側の「ツールバー切り替え」ボタン をクリックする。

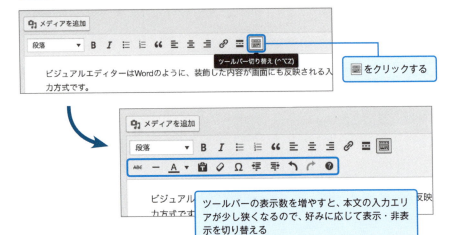

ツールバーの表示数を増やすと、本文の入力エリアが少し狭くなるので、好みに応じて表示・非表示を切り替える

9 ビジュアルエディターで使えるボタンの機能

ビジュアルエディターのボタンは、基本的に「テキストを選択」→「ボタンをクリック」の流れで使用できます。ビジュアルエディターで使えるボタンの機能は、下表のとおりです。

● ビジュアルエディターで使えるボタンの機能

ボタン		機　能
段落 ▼	段落	段落や見出しを設定する
B	太字	テキストを太字にする
I	イタリック	テキストをイタリック体にする
	番号なしリスト	左側に「・」が表示されるリストを作成する
	番号付きリスト	左側に連番が表示されるリストを作成する

ボタン		機 能
66	引用	テキストを引用として設定する
≡	左寄せ	テキストを左揃えにする
≡	中央寄せ	テキストを中央揃えにする
≡	右寄せ	テキストを右揃えにする
⊘	リンクの挿入/編集	テキストにリンクを追加する
▣	「続きを読む」タグを挿入	投稿一覧ページに表示する本文の区切りを設定する
▥	ツールバーの切り替え	ツールバーの2行目を表示・非表示させる
ABC	打ち消し	テキストに打ち消し線を追加する
─	横ライン	横ラインを追加する
A	テキスト色	選択したテキストの色を変更する
📋	テキストとしてペースト	Microsoft WordやWebサイトからコピーしたテキストから書式情報を削除して、テキストだけ貼りつけることができる
⊘	書式をクリア	太字など設定されている書式を削除する
Ω	特殊文字	特殊文字を挿入する
⇤	インデントを減らす	インデントを1段階減らす
⇥	インデントを増やす	インデントを1段階増やす
↶	取り消し	直前の操作を取り消す
↷	やり直し	「取り消し」で取り消した手順を再度実行する

Advice　表示を確認しながら投稿を作成するならビジュアルエディターが便利

★ 「ビジュアルエディター」は、テキストの装飾や追加した画像をプレビューしながら文章を作成できる

★ 入力エリアの上に表示されている各ボタンで、テキストの装飾ができる

クラシックエディター編 ❸
テキストエディターの使い方

「テキストエディター」では、HTMLを直接入力して本文を作成していきます。ビジュアルエディターと違い、テキストの装飾や画像などはプレビューされないため、細かいHTMLの調整が必要なときだけ使用するようにしましょう。

Check!
- ☑ 細かいHTMLの編集をしたい場合は、テキストエディターを使う
- ☑ ビジュアルエディターではできない難しいレイアウトもできるようになる

1 テキストエディターを使ってみよう

　テキストエディターの上に表示されているボタンを使って、選択したテキストをHTMLで囲むこともできます。

● テキストエディターの画面

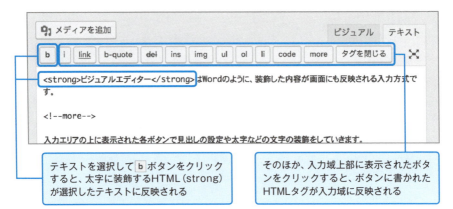

テキストを選択して b ボタンをクリックすると、太字に装飾するHTML（strong）が選択したテキストに反映される

そのほか、入力域上部に表示されたボタンをクリックすると、ボタンに書かれたHTMLタグが入力域に反映される

Advice 　細かいHTMLの編集が必要な場合はテキストエディターを使う

★「テキストエディター」なら、HTMLを直接入力できる
★ HTMLの細かい調整をするときなどに使用する

投稿画面をカスタマイズしてみよう

　それぞれのメニューは見出し部分をクリックしたままドラッグすることで、各設定項目の並び替えをすることもできます。

　投稿に慣れてきたら「カテゴリー」「タグ」「アイキャッチ」の設定順序を変更して、投稿画面を自分好みにカスタマイズしてみましょう。

● メニューをカスタマイズする

❶投稿画面の右側のメニューは、見出しの右側に表示されている ⊙ をクリックすることで開閉できる

❷見出し部分をクリックしたままドラッグすると、順番を入れ替えられる

　また、投稿画面右上の「表示オプション」をクリックすると、投稿画面に表示する項目を変更できる設定が表示されます。

● 投稿画面に表示する項目をカスタマイズする

「ボックス」の下に表示されている項目にチェックがついているものだけが投稿画面に表示されるので、必要のない設定はチェックを外して非表示にしておく

Advice　自分好みの投稿画面にカスタマイズしよう

★ 投稿画面の設定項目は並べ替えできる
★ 表示オプションから投稿画面に表示する設定項目を変更することもできる

投稿の編集とカテゴリーやタグの編集

ブログを長く運営するためには、投稿を書くだけでなく過去記事の編集やカテゴリーやタグの整理をして情報を探しやすくすることも重要です。作成済みの投稿の確認・編集方法やカテゴリーやタグの編集方法について見ていきます。

Check!
- ☑ 作成済みの投稿は一覧画面から編集・削除ができる
- ☑ 投稿は1度削除しても復元することができる
- ☑ カテゴリーやタグは削除すると復元することができないので注意が必要

1 作成済みの「投稿」を確認したり、編集したりしてみよう

作成した投稿は「投稿」→「投稿一覧」メニューから確認できます。

●「投稿一覧」画面

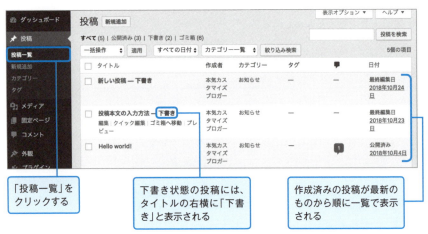

「投稿一覧」をクリックする

下書き状態の投稿には、タイトルの右横に「下書き」と表示される

作成済みの投稿が最新のものから順に一覧で表示される

手順1 投稿を編集したい場合は、タイトルの下に表示された「編集」をクリックして編集画面を開く。

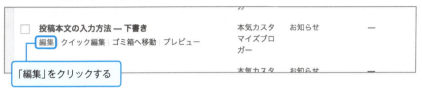

手順2 投稿を削除したい場合は、タイトルの下に表示された「ゴミ箱へ移動」をクリックする。

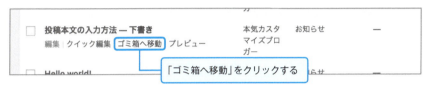

もし間違えて投稿をゴミ箱に入れてしまっても、ゴミ箱から復元することができます。

手順1 投稿一覧の上に表示された「ゴミ箱」をクリックし、ゴミ箱に入れた記事一覧を表示させる。

手順2 復元したい記事の下の「復元」をクリックして、投稿を復元する。

Advice 投稿一覧から今まで作成した投稿を確認・編集する

★「投稿」→「投稿一覧」から作成済みの投稿を確認する
★ 一覧に表示された投稿にカーソルをあわせると表示される「編集」をクリックして投稿を編集する
★ 間違ってゴミ箱に入れてしまっても、完全に削除しなければ復元することができる

「カテゴリー」を編集してみよう

カテゴリーは「投稿」→「カテゴリー」から編集します。

手順1 `新規追加` 「名前」と「スラッグ」を入力し、親カテゴリーを選択して、下にある「新規カテゴリーを追加」ボタンをクリックする。

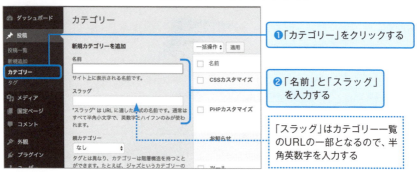

手順2 `編集` 作成済みのカテゴリーを編集する場合、一覧に表示されている編集したいカテゴリーにカーソルをあわせ、カテゴリー名の下に表示された「編集」をクリックする。

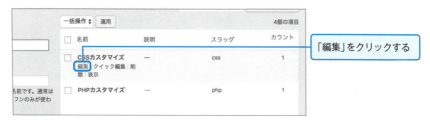

手順3 カテゴリーの編集画面が表示されるので、各項目を編集して「更新」ボタンをクリックする。

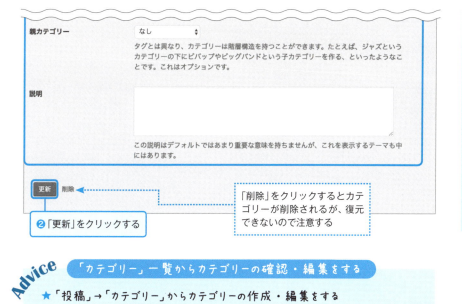

Advice 「カテゴリー」一覧からカテゴリーの確認・編集をする

★ 「投稿」→「カテゴリー」からカテゴリーの作成・編集をする
★ カテゴリーは、1度削除すると復元できない

3 「タグ」を編集してみよう

タグは「投稿」→「タグ」から編集します。

手順1 新規タグの追加は、「名前」と「スラッグ」を入力して「新規タグを追加」をクリックする。

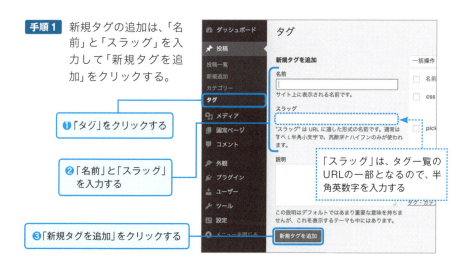

手順2 作成済みのタグを編集する場合は、一覧に表示されている編集したいタグの下の「編集」をクリックする。

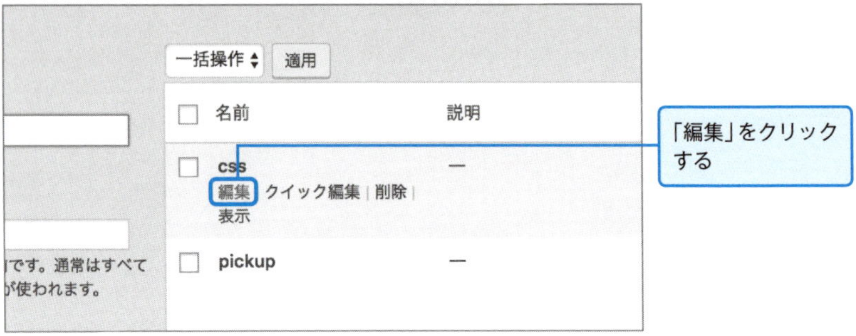

「編集」をクリックする

手順3 タグの編集画面が表示されるので、各項目を編集して「更新」ボタンをクリックする。

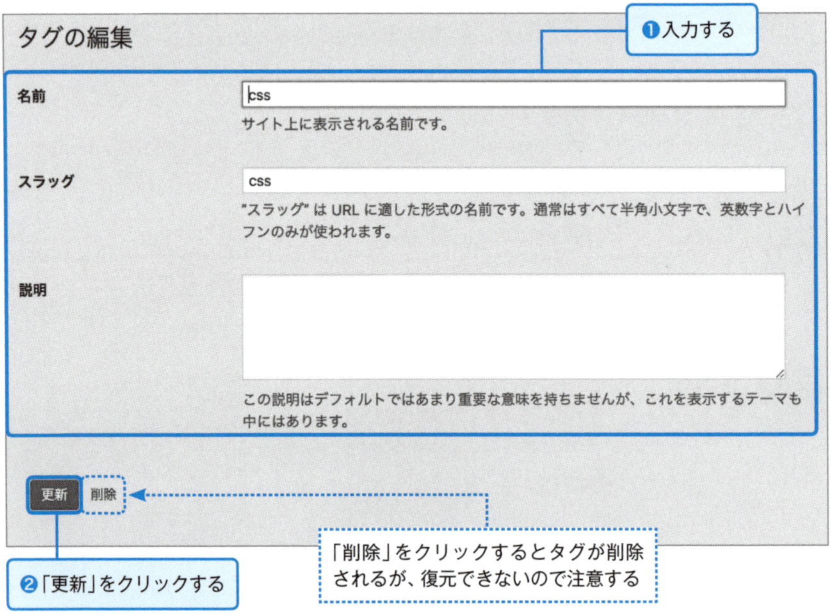

❶入力する

❷「更新」をクリックする

「削除」をクリックするとタグが削除されるが、復元できないので注意する

Advice 「タグ」一覧からタグの確認・編集をする

★「投稿」→「タグ」からタグの作成・編集をする
★タグは、1度削除すると復元できない

Chapter - 2

WordPressの設定を変えて
ブログをつくり込む

WordPressでカッコいいブログをつくるために、管理画面の使い方をマスターしましょう。ブログの見た目を変更する「テーマ」の設定方法やメニュー、ウィジェットと呼ばれるブログパーツのようなものを追加する方法について見ていきます。

11 WordPressの管理画面から ブログの初期設定をしよう

ブログに記事の投稿ができるようになったら、次は「自分らしいブログ」をつくるためにWordPressの設定を変更しましょう。まずはWordPressの管理画面の説明と、ブログ運営をはじめるにあたって最初にやっておきたい設定を見ていきます。

Check!
- ☑ WordPressの管理画面では左メニューから操作したい項目を選び、右側の設定画面で設定を行う
- ☑ ブログをつくったらまずパーマリンク設定を変更して、記事のURL構造を設定する
- ☑ 管理画面のログインIDを表示しないように、ユーザーのブログ上の表示名は必ず変更する

1 管理画面の操作をマスターしよう

WordPressの管理画面は、画面左側（ A ）にメニュー、画面右側（ B ）にそれぞれのメニューを設定する画面があります。記事作成からブログのデザイン設定・プラグインの機能追加など、さまざまな設定を管理画面から行います。

● 管理画面

> **Advice** 管理画面は左メニューから操作する
>
> ★ WordPressの管理画面では、左メニューから操作したい項目を選び、右側の設定画面で設定などをする
> ★ メニューはカーソルをあわせるだけでも表示されるので、目的のメニューを1クリックで開くことができる

2 それぞれのメニューでできることをマスターしよう

❶ ダッシュボード

最近編集した記事の表示やブログ内のページ数情報など、ブログに関する情報が表示されます。表示される項目は、利用しているテーマやプラグインによって変化します。

❷ 更新（ダッシュボードのサブメニュー）

WordPress本体のアップデート、テーマやプラグインのアップデートができます。

❸ 投稿

ブログ記事の作成や編集、カテゴリーやタグの編集ができます。ブログを運営する中で1番使うメニューです。

❹ メディア

ブログにアップロードした画像や動画、音楽ファイルを確認できます。多くの場合、投稿作成画面から画像のアップロードをするので、実際に確認する機会は多くありません。

❺ 固定ページ

ブログ記事とは別に、「プロフィール」「お問い合わせ」といった、ブログ全体に関連する情報を掲載するページが固定ページです。固定ページで作成したページは、投稿一覧には表示されません。

❻ コメント

ブログ記事に投稿されたコメントの承認や返信ができます。

❼ 外観

ブログのデザインテーマの追加や変更、ウィジェット、メニューなどの設定ができます。

❽ プラグイン（Chapter-3参照）

ブログにさまざまな機能を追加できるプラグインの管理ができます。

❾ ユーザー

ブログ記事作成者として登録されているユーザーの確認・編集ができます。ユーザーの編集では、プロフィールの編集やパスワードの変更などができます。

❿ ツール

ほかのWordPressサイトや無料ブログから引っ越しするときに投稿をインポートするツールや、別のWordPressサイトへ引っ越しするために投稿をエクスポートするツールをインストール・実行できます。

⓫ 設定

ブログ名の設定やURL構造の設定など、ブログの設定を変更できます。ブログ設定のほか、プラグインをインストールすると設定画面が「設定」のサブメニューとして追加されます。

めったに見ることのない設定もありますが、どのメニューでどんなことができるかざっくりとでも知っておくと、目的の設定ページが見つけやすくなります！時間があるときにポチポチとメニューをクリックして眺めてみましょう。

WordPressでブログをつくったら まずやっておくべき初期設定

記事をたくさん書きはじめる前に、確認しておきたい設定を見ていきます。ある程度ブログを運営してからだと変更しづらい設定もあるので、ブログをつくったらなるべく早めに設定を確認・変更しておきましょう。

- ☑ パーマリンクやコメントの設定など、あとから変更しづらい設定は早めに変更する
- ☑ ログインIDが簡単に知られてしまわないためにも、ニックネームを表示する

1 パーマリンクを設定しよう

「設定」→「パーマリンク設定」を開き、パーマリンクの設定を変更しましょう。

パーマリンク設定では、ブログ記事のURL構造を設定できます。ブログ記事のURLが短く、かつ記事の内容が想像できるような設定にしておきましょう。

おすすめのパーマリンク設定は「**投稿名**」です。**「投稿名」で設定した場合、記事のURLは「ドメイン ＋ 投稿スラッグ」というシンプルなものになります**。

パーマリンク設定は1度設定したら変更しないようにしましょう。ある程度記事が増え、SNSなどでシェアされてからパーマリンクを変更すると、URLが変更されてしまうので多くのリンクが無効になってしまい、「ページが見つかりません」という状態になってしまうおそれがあります。

「ページが見つからないURL」をつくらないためにも、パーマリンク設定はブログをつくったらすぐに設定し、ブログ運営が波に乗ってからは変更しないようにしましょう。

● パーマリンク設定画面

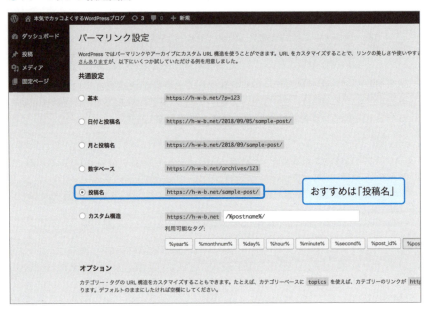

2 ユーザーの表示名設定

　WordPressをインストールした初期状態では、記事の投稿者として登録したユーザー名が表示されてしまいます。このユーザー名は、WordPressの管理画面へログインするために使われるIDでもあります。不正なログインを防ぐためにも、ユーザー名がサイト上に表示されないようにしましょう。

● 投稿者が表示された記事例

「ユーザー」→「あなたのプロフィール」からユーザーの「ブログ上の表示名」の設定を変更します。「ブログ上の表示名」は「ユーザー名」「名」「姓」「ニックネーム」に入力された内容から選択することができます。

手順　「ニックネーム」にニックネームを入力し、「ブログ上の表示名」から選択する。

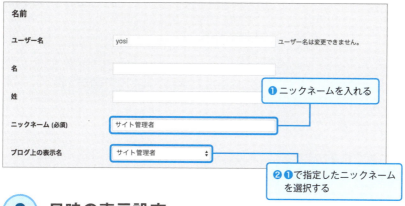

3　日時の表示設定

「設定」→「一般」から、ブログに表示される日時のフォーマット（書式）を設定することができます。

設定画面の一覧からフォーマットを選択するほか、「カスタム」から任意のフォーマットを設定できます。任意のフォーマットの設定には使用できる書式文字が決められていて、その文字を組みあわせて設定します。たとえば日付に「Y.m.d」と入力すると、表示は「2019.01.01」のようになります。

日付の書式で使える文字としては、次のようなものがあります。

Y	年を数字4桁で表示（2019）
m	月を先頭に0をつけた数字で表示（01）
d	日を先頭に0をつけた数字で表示（01）
l	曜日を「〜曜日」のように表示（月曜日）　※小文字の「L」
y	年を数字2桁で表示（19）
n	月を先頭に0をつけない数字で表示（1）
j	日を先頭に0をつけない数字で表示（1）
D	曜日を「曜日」の表記無しで表示（月）

● 日時の表示設定画面面

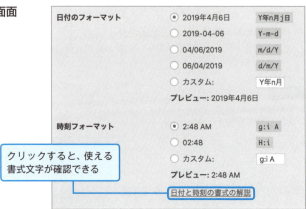

クリックすると、使える書式文字が確認できる

4 コメントの表示設定

　WordPressにはコメントを投稿する機能がありますが、SNSが普及した今ではコメント欄を使う機会がかなり少なくなりました。もしコメント欄が不要な場合は、「設定」→「ディスカッション」からコメント欄を無効にしておきましょう。

　作成済みの投稿のコメント欄を非表示にするには、投稿の設定を変更する必要があるので、コメント欄を非表示にする場合はなるべく投稿数の少ないうちに設定しましょう。

● 投稿のデフォルト設定画面

「新しい投稿へのコメントを許可する」のチェックを外して設定を保存すると、その後作成した投稿にはコメント欄が表示されない

投稿のデフォルト設定	☑ この投稿に含まれるすべてのリンクへの通知を試みる
	☑ 新しい記事に対し他のブログからの通知 (ピンバック・トラックバック) を受け付ける
	☐ 新しい投稿へのコメントを許可する
	(これらの設定は各投稿の設定が優先されます。)

Advice WordPressをインストールしたら、まず確認・変更する設定

★ ブログをつくったらまずパーマリンク設定を変更する

★ パーマリンク設定は途中で変更すると、外部からのリンクが「ページが見つかりません」となるので、ブログをある程度運営してからは変更しない

★ 管理画面のログインIDを表示しないように、ユーザーのブログ上の表示名は必ず変更する

★ コメント欄が不要な場合は、投稿数が多くなる前にコメント許可の設定を変更しておく

「テーマ」を変更してブログの デザインを変えてみる

ブログの初期設定ができたら、次はブログのデザインを変更してみましょう。WordPressサイトのデザインは、「テーマ」の設定で変更することができます。テーマのインストール方法と変更方法を見ていきましょう。

- ☑ サイトのデザインを変更したい場合は「テーマ」を変更する
- ☑ ライブプレビュー機能を使って、変更するテーマを使った表示が事前に確認できる
- ☑ テーマ項目から直接インストールできる公式テーマと、各ウェブサイトで提供(販売)されている非公式テーマがある

① WordPressサイトのデザインを変更する「テーマ」

サイトの見た目は、「テーマ」を使って変更します。テーマは、世界中の開発者やデザイナーがつくった「デザインの雛形」のようなものです。

無料・有料含めて数多くのテーマが存在しているので、数あるテーマの中から自分の好みにあったものを選んで利用することができます。

> **Advice** WordPressサイトの見た目を変えたい場合は「テーマ」を変える
>
> ★ WordPressサイトの見た目を変更したいときは「テーマ」を変更する
> ★ テーマは無料・有料含めて数多く存在しているので、実際に使ってみて自分の好みにあったものを選ぶ

② 「テーマ」を検索してみよう

「外観」→「テーマ」を開き、テーマを探してみましょう。

手順1 テーマを検索するには、テーマ一覧画面の左上に表示された「新規追加」をクリックする。

「新規追加」をクリックする

手順2 テーマの新規追加画面では、「注目」「人気」「最新」など、さまざまな条件で、テーマを検索することができる。

「注目」「人気」「最新」「お気に入り」「特徴フィルター」をクリックすることで一覧を切り替えられる

手順3 「特徴フィルター」では、条件を組みあわせて自分の好みにあったテーマの検索ができる。「題名」フィルターでブログ向けのテーマに絞って検索したり、「レイアウト」フィルターで1列表示のテーマに絞って検索したりできる。

検索したい項目をクリックしてチェックをつけたら、「フィルターを適用」ボタンをクリックする

手順4 テーマを選んでカーソルをあわせる。

3 「テーマ」をインストールしてみよう

手順1 テーマのインストールは、テーマ一覧画面の左上に表示された「新規追加」ボタンをクリックする。

手順2 インストールできるテーマが表示されるので、テーマを選んでカーソルをあわせる。

「詳細＆プレビュー」もしくは「プレビュー」をクリックすると、テーマの詳細が表示される

手順3 「インストール」ボタンをクリックすると、インストール済みテーマの一覧に追加される。

4 テーマを変更してみよう

「外観」→「テーマ」メニューから、テーマの変更をすることができます。

手順1 「外観」の「テーマ」メニューをクリックして、テーマの一覧を表示する。

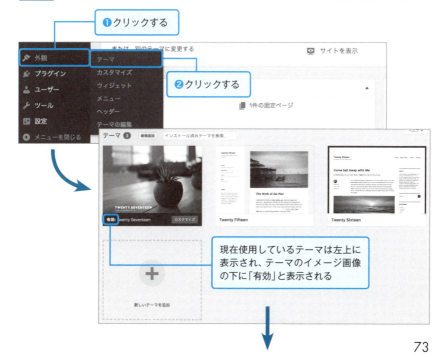

手順2 「ライブプレビュー」をクリックすると、選んだテーマを使った場合、ブログがどのようなデザインになるのか確認できる。

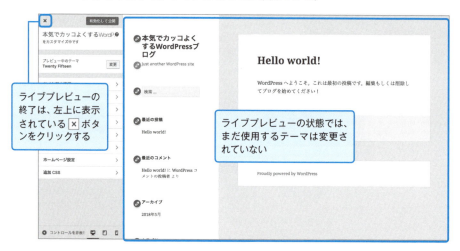

手順3 ライブプレビューしてみたテーマに変更する場合は、左上の「有効化して公開」をクリックする。

Advice テーマは、「外観」→「テーマ」メニューから確認・変更する

★ テーマの変更は、「外観」→「テーマ」メニューから行う
★ ライブプレビュー機能を使うと、変更するテーマを試しに確認することができる

テーマを検索するときは、「フィルター」を活用して自分がつくりたいブログのイメージに近いものを探してみましょう！テーマをインストールしたら、ライブプレビューを使って実際にどのような見た目になるか確認してみましょう！

14 「テーマカスタマイザー」でブログのデザインをカスタマイズしてみよう

使うテーマを決めたら、次はテーマの設定を変更して、文字の色やヘッダー画像を変えてみましょう。テーマの設定を変更するための、「テーマカスタマイザー」の使い方を見ていきます。

Check!
- ☑ 文字の色や背景画像、ヘッダー画像は「テーマカスタマイザー」で調整する
- ☑ カスタマイザーでの変更内容は、変更してすぐ公開するだけでなく、下書き保存・公開予約ができる
- ☑ ホームページ設定で「ホームページの表示」を「固定ページ」にすると、TOPページ用の設定が表示されることがある

1 「テーマカスタマイザー」で設定を変更してみよう

　WordPressのサイトデザインは、「テーマ」で変えることができます。さらに、テーマごとの設定でメニューや本文の文字の色や背景画像、ヘッダー画像を変更することができます。テーマごとの設定は、多くの場合「テーマカスタマイザー」で操作できます。

Advice　文字色やヘッダーはテーマカスタマイザーで変更
★ 文字の色や背景画像、ヘッダー画像は「テーマカスタマイザー」から調整できる

手順1 テーマカスタマイザーは、「外観」→「カスタマイズ」のメニューから開くか、「外観」→「テーマ」メニューをクリックし、有効化されているテーマの右下に表示された「カスタマイズ」ボタンをクリックする。

クリックする

手順2 テーマカスタマイザーが表示されるので、「サイト基本情報」などを編集する。

入力した内容は右側に表示されたプレビュー画面に反映される（設定項目によってはすぐに反映されないものもある）

画面左側に表示されている「サイト基本情報」「色」などを設定できる（項目の詳細は次節以降参照）。それぞれクリックすると、文字を入力したり設定を選択したりできるようになる

また、右側のプレビュー画面に表示された鉛筆マークをクリックすると、設定項目の表示が切り替わり、該当部分の設定を編集する部分が表示される

手順3 設定の編集が完了したら、画面左上に表示されている「公開」をクリックすると変更内容が確定され、ブログの表示に反映される。

「公開」をクリックする

② 変更した設定を確認してみよう

　変更した設定が、タブレットやスマートフォンでどのように表示されるのか確認しましょう。ただし、タブレットとスマートフォンの表示確認はあくまで擬似的なものなので、実際のタブレット端末、スマートフォン端末で見たときと表示が違うことがあります。

　気になる部分は必ず実際のタブレット・スマートフォン端末で表示を確認しましょう。

手順 画面左下に表示された3つのアイコンをクリックする。

左から、パソコン、タブレット、スマートフォンによる表示を確認できる

テーマによって設定できる内容が違う

テーマカスタマイザーで設定できる項目はテーマによって違います。

下の図は、左が「Twenty Seventeen」、右が「OnePress」というテーマを使った場合のテーマカスタマイザーの設定項目です。

● テーマによる設定項目の違い

設定できる項目の種類や数はテーマによって違うので、どんな設定ができるかは、テーマカスタマイザーかテーマの公式サイトで確認してみましょう。

Advice　ブログの見た目をプレビューしながら変更できる

★ テーマカスタマイザーでは、右側のプレビューを確認しながらテーマの設定を変更できる
★ スマートフォンやタブレットの表示を簡易的に確認できる
★ カスタマイザーで設定できる項目はテーマによって違う

ブログの「メニュー」をつくる

訪れてくれた人にブログをもっと知ってもらうために、一押しのカテゴリーやプロフィール、お問い合わせページなどの入り口は、ページの見やすい部分に表示しておきましょう。ブログのナビゲーションボタンを、WordPressの「メニュー」機能を使って作成してみましょう。

Check!
- ☑ 訪れた人に見てほしいページをメニューとして用意する
- ☑ メニューは階層化して設定できる。ただし何階層まで表示できるかはテーマによって違う
- ☑ 「表示オプション」で設定できる項目を追加することができる

1 「メニュー」をつくってみよう

多くのテーマで、ヘッダーやフッターにメニューを表示することができます。メニューはブログ内の全ページに表示されます。

● **すべてのページに表示されるメニュー**

手順1 「外観」→「メニュー」を開く

「メニュー」をクリックする

手順2 はじめてメニューを作成する場合は、「メニューを作成」の左側の入力欄にメニュー名を入力し、「メニューを作成」をクリックする。

※ メニューの名前は自由だが、あとから編集しやすいようにわかりやすい名前にしておく。

手順3 メニュー編集画面の左側にある「固定ページ」「投稿」「カスタムリンク」「カテゴリー」と書かれた部分から、メニューに追加する項目を選んで追加する。

手順4 固定ページ名の左側のチェックボックスにチェックをつけて、「メニューに追加」をクリックすると、チェックをつけたページがメニューに追加される。

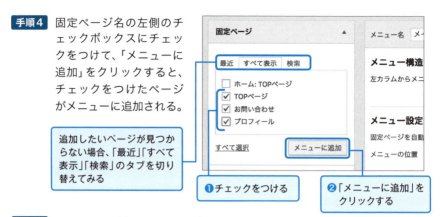

追加したいページが見つからない場合、「最近」「すべて表示」「検索」のタブを切り替えてみる

❶チェックをつける

❷「メニューに追加」をクリックする

手順5 メニューに追加されるページが一覧で表示されたら、「メニューを保存」をクリックする。

❶メニューに追加されるページが一覧で表示される

❷「メニューを保存」をクリックする

手順6 「投稿」と「カテゴリー」をメニューに追加したい場合は、固定ページと同様の操作で追加する。

❶「投稿」と「カテゴリー」と書かれた部分をクリックする

❷メニューに追加できるページの一覧が表示されるので、チェックをつける

❸「メニューに追加」をクリックする

手順7 「カスタムリンク」をメニューに追加したい場合は、URLと表示テキストを入力する。

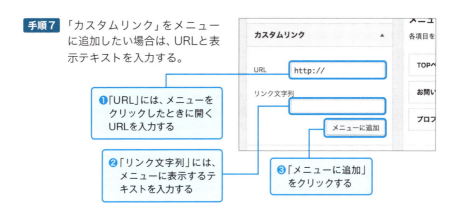

手順8 追加したメニュー項目を編集・削除する。

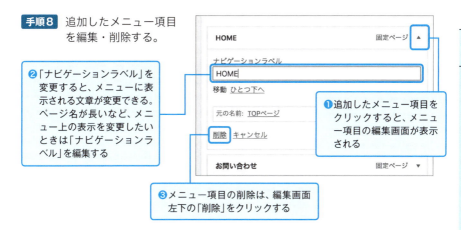

2 メニュー項目を並び替えたり、階層化してみよう

手順1 メニュー項目をドラッグして並び替える。

手順2 メニュー項目を階層化してみよう

● メニュー項目の階層化

メニューを階層化すると、2階層目以降のメニューは表示されず、親メニューにカーソルをあわせたときに表示される

手順3 下層メニューにしたい項目を右側にドラッグする。

※ メニューの階層化は何階層も設定できるが、テーマがメニューの階層表示に対応していない場合もある。

❶ メニュー項目を右側にドラッグする

❷ 移動先を表す点線の四角が一段ずれて表示される
「プロフィール」メニューが子ども（2階層目）、「お問い合わせ」が親（1階層目）になる。
「HOME」の下に移動すれば、「プロフィール」メニューが子ども（2階層目）、「HOME」が親（1階層目）になる

メニューの表示位置を選択して保存しよう

手順 メニュー項目の編集が完了したら、「メニュー設定」の「メニューの位置」から表示したい位置にチェックをつける。「メニューを保存」をクリックしてメニューを保存する。

※ テーマによって、メニューの表示位置や「メニューの位置」に表示される名称が違う。

Advice 「外観」→「メニュー」からブログのメニューをつくる

★ 外部サイトへのリンクをメニューに加える場合は「カスタムリンク」を使う
★ メニューの階層化は設定できるが、何階層まで表示できるかはテーマによって違う
★ メニューの表示位置、位置の名前はテーマによって違う

 ## メニューを複数作成してみよう

　テーマが複数のメニュー表示に対応している場合、表示できる位置ごとに別々のメニューを作成したり、いくつかメニューを作成しておいて、状況に応じて入れ替えたりすることもできます。

手順1 メニューの追加は、「メニューを編集」タブのすぐ下に表示された「以下のメニューを編集するか新規メニューを作成してください。」の中の青色の部分「新規メニューを作成」をクリックする。

手順2 新しいメニューの作成画面になるので、『①「メニュー」をつくってみよう』（80頁参照）と同じ手順でメニューを作成する。

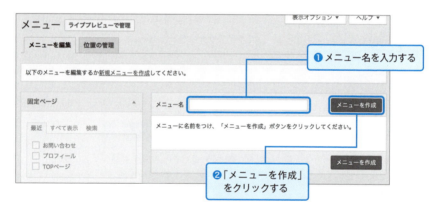

5 メニューの編集と削除をしてみよう

　複数のメニューを作成してある場合、編集するメニューを選択してメニューの編集画面を表示します。

手順 「メニューを編集」タブのすぐ下に表示された「編集するメニューを選択」の右側に表示されたリストから、編集するメニューを選んで「選択」をクリックする。選択したメニューの内容が表示されるので、メニュー項目を編集する。

メニューの削除は、まず編集したいメニューを選択し、編集画面を表示させます。

手順 「メニューを編集」タブのすぐ下に表示された「編集するメニューを選択」の右側に表示されたリストから、編集するメニューを選んで「選択」をクリックし、下の「メニューを削除」をクリックする。

メニューの表示位置を管理しよう

　メニュー編集画面の「位置の管理」タブでは、テーマが対応しているメニューの表示位置を一覧で確認し、それぞれの位置にメニューを設定することができます。ブログ上のどの位置に何のメニューを表示させるかをまとめて設定したい場合に便利です。

手順　「指定されたメニュー」列からそれぞれの「テーマの位置」に表示したいメニューを選択して、「変更を保存」ボタンをクリックする。

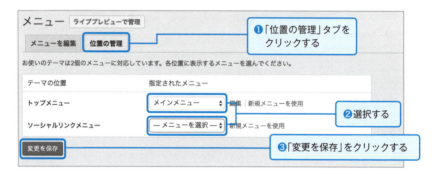

Advice　メニューは複数パターン用意できる
★ メニューは複数作成できる
★ メニューの表示位置をまとめて設定したい場合、「位置の管理」タブが便利

 ## メニュー設定のオプションを見ておこう

　メニューの編集は、「表示オプション」から設定できる項目を追加することができます。

　メニューに「投稿」で作成した記事を追加しない場合は表示を消すなど、自分が編集しやすいようにカスタマイズすることができます。

手順1 画面右上の「表示オプション」をクリックすると、「ボックス」と「詳細メニュー設定を表示」のオプションが表示される。

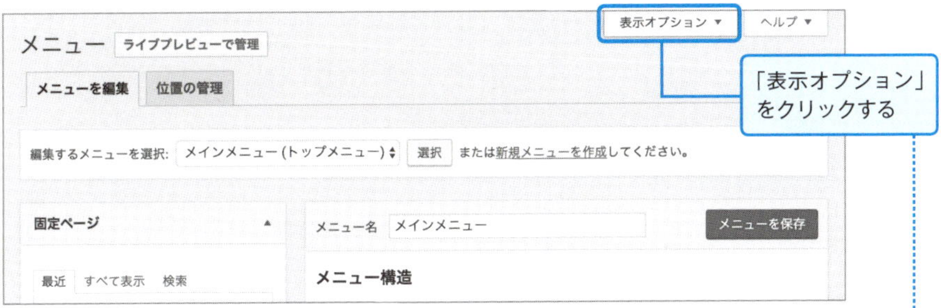

「表示オプション」をクリックする

手順2 表示されたチェックボックスをチェックすることで、メニュー編集画面に表示される内容をカスタマイズすることができる。

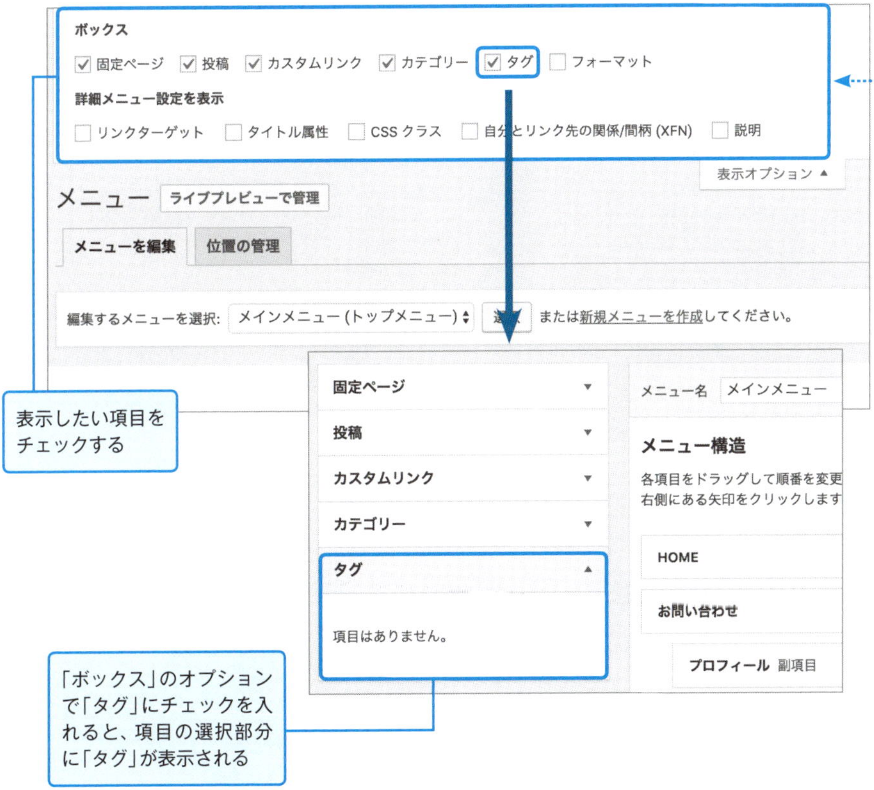

表示したい項目をチェックする

「ボックス」のオプションで「タグ」にチェックを入れると、項目の選択部分に「タグ」が表示される

手順3 「詳細メニュー設定を表示」では、メニュー項目の編集画面に次のような設定を表示することができる。

項　目	内　容
リンクターゲット	リンクを新しいタブで開くかどうかを設定できる
タイトル属性	リンクのtitle属性を設定できる
CSSクラス	CSSのclass属性を設定できる
自分とリンク先の関係／間柄 (XFN)	リンク先ウェブサイトの所有者との人間関係を表すXFN™属性を設定できる
説明	メニュー項目の説明を設定できる

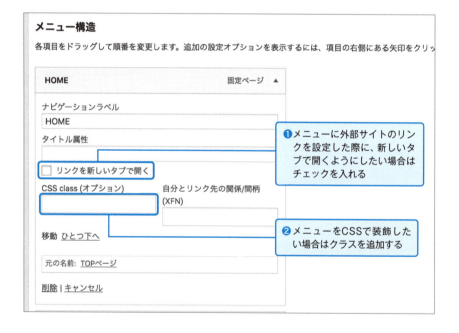

❶ メニューに外部サイトのリンクを設定した際に、新しいタブで開くようにしたい場合はチェックを入れる

❷ メニューをCSSで装飾したい場合はクラスを追加する

Advice　細かなメニューの設定をするために表示オプションを使う

★「表示オプション」でメニューに設定できる項目を追加表示できる

16 「ウィジェット」で、ブログに「最新記事一覧」や「ブログ内検索」を表示する

WordPressでは「ウィジェット」と呼ばれるブログパーツのような機能を使い、最新記事の一覧やカテゴリー一覧、バナー画像などを表示することができます。

Check!
- ☑ ウィジェットの表示位置はテーマによって違うので、マニュアルを確認するか実際に設定してみて確認する
- ☑ ウィジェットの設定を保存したままブログから消すこともできる

1 ブログに最新記事の一覧など、ブログパーツを追加できる「ウィジェット」

　WordPressには、「ウィジェット」と呼ばれるブログパーツを簡単に配置できる機能があります。
　ウィジェットを使うと管理画面から簡単に最新の記事一覧やカテゴリーの一覧、ブログ内検索などをブログに追加することができます。

● ウィジェットでブログパーツを表示する

「ウィジェット」を設定してみよう

手順1 「外観」→「ウィジェット」を開く。

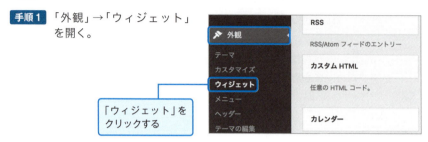

「ウィジェット」をクリックする

　ウィジェット編集画面では左側に使用できるウイジェット、右側にウィジェットを配置できる場所が表示される。

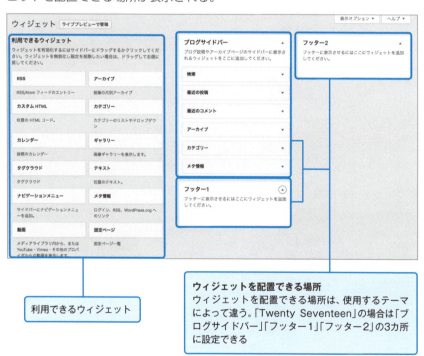

利用できるウィジェット

ウィジェットを配置できる場所
ウィジェットを配置できる場所は、使用するテーマによって違う。「Twenty Seventeen」の場合は「ブログサイドバー」「フッター1」「フッター2」の3カ所に設定できる

手順2 ブログに追加したいウィジェットを、左側の「利用できるウィジェット」の一覧から選択し、右側のウィジェットを表示したい場所へドラッグ＆ドロップする。

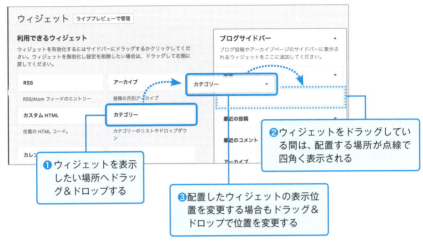

❶ ウィジェットを表示したい場所へドラッグ＆ドロップする

❷ ウィジェットをドラッグしている間は、配置する場所が点線で四角く表示される

❸ 配置したウィジェットの表示位置を変更する場合もドラッグ＆ドロップで位置を変更する

手順3 ウィジェットごとに、表示に関する詳細設定があるので、必要に応じて設定を変更する。「タイトル」の文字がウィジェットに表示されるので設定しおく。そのほかの設定を変更したら「保存」ボタンをクリックする。

※ タイトルを入力しない場合は、ウィジェットに用意されている名前が見出しとして表示される。

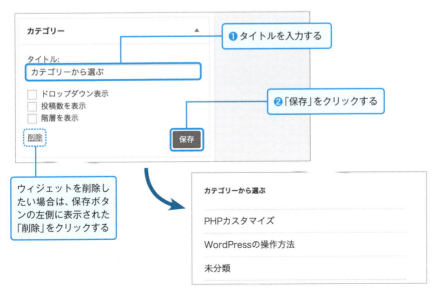

❶ タイトルを入力する

❷ 「保存」をクリックする

ウィジェットを削除したい場合は、保存ボタンの左側に表示された「削除」をクリックする

ウィジェットの設定を保存したら、ブログでどのように表示されているか確認してみましょう。うまく表示されない場合は、ウィジェットの設定をきちんと保存したか、ウィジェットを確認している場所と違う場所に配置していないかなどをチェックします。

Advice ウィジェットを使っていろいろなパーツを表示しよう

★ ドラッグ＆ドロップで使いたいウィジェットを配置していく
★ ウィジェットの表示位置はテーマによって違うので、マニュアルを確認するか、実際に設定してどこに表示されるかを確認する

メニューやウィジェットの位置はテーマによって違うので、実際にメニューをつくったり、ウィジェットを配置してみたりして確認しましょう。少し面倒に感じるかもしれませんが、「試して」「直して」の繰り返しでブログをつくっていきましょう！

Chapter - 3

ブログに強力な機能を追加できる「プラグイン」

WordPressでは、ブログにさまざまな機能を追加できる「プラグイン」というしくみがあります。プラグインは世界中の開発者が作成・公開していて、星の数ほど存在します。そんな数多くのプラグインの中で、これだけは知っておきたいというおすすめプラグインをご紹介します。

最初に入れておきたい おすすめプラグイン

プラグインは世界中の開発者が作成し、さまざまな機能のものが星の数ほど存在します。その中でも、ブログをつくったらまず入れておきたいおすすめのプラグインを見ていきます。

Check!
- ☑ お問い合わせフォームを作成したら必ず入力テストを実施し、入力内容をメールで受信できるか確認する
- ☑ バックアップは閲覧者の少ない明け方に自動実行するようにスケジュール設定する
- ☑ 日本語でWordPressサイトを運営するなら「WP Multibyte Patch」を必ず有効化しておく

① ブログのSSL対応が簡単にできる「Really Simple SSL」

「Really Simple SSL」はWordPressサイトを簡単にSSLに対応できるプラグインです。

プラグインを有効化するだけでhttpからhttpsへ転送などをしてくれます。

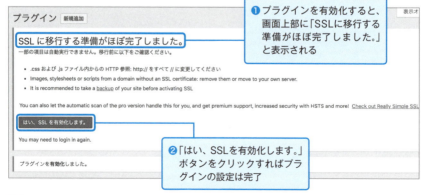

❶ プラグインを有効化すると、画面上部に「SSLに移行する準備がほぼ完了しました。」と表示される

❷「はい、SSLを有効化します。」ボタンをクリックすればプラグインの設定は完了

2 お問い合わせフォームを作成できる「Contact Form 7」

「Contact Form 7」は、お問い合わせフォームをつくるためのプラグインです。ブログを見てくれた人と管理者の重要な連絡手段となるので、お問い合わせページは必ず作成しましょう。

❶ プラグインを有効化すると、「お問い合わせ」メニューが追加され、クリックするとお問い合わせフォームの一覧が表示される

❷ はじめに1つだけ用意されているサンプルのお問い合わせフォームにカーソルをあわせ、タイトルの下に表示された「編集」をクリックすると簡単にブログにフォームを登録できる

読者からのメッセージを受け取るために、お問い合わせフォームは必ず用意しておきましょう！WordPressサイトにお問い合わせフォームをつくるなら「Contact Form 7」という大人気プラグインがおすすめ！

❶ お問い合わせフォームの作成

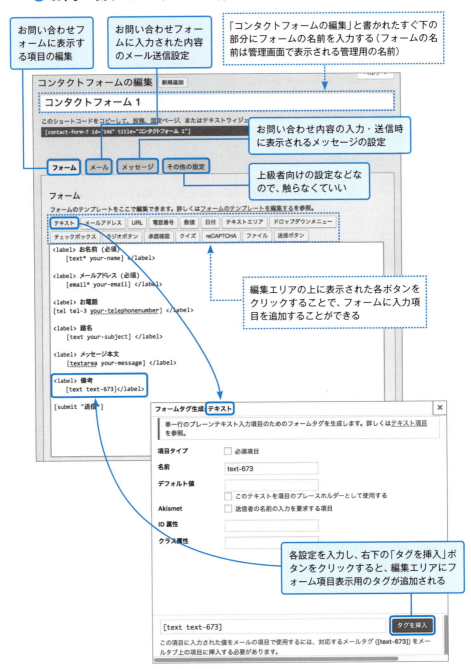

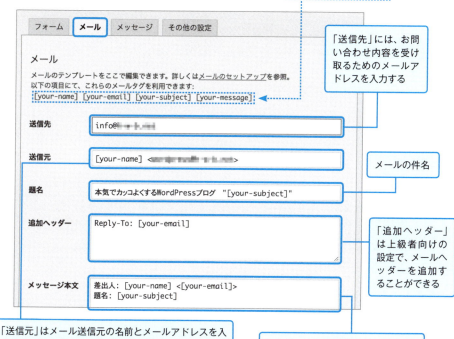

メール設定の中では、「メール」タブの上部に表示された「[your-name]」などのメールタグを使って、お問い合わせフォームに入力された内容をメールで受け取ることができる（使えるタグはお問い合わせフォームに追加した項目によって変わる）

「送信先」には、お問い合わせ内容を受け取るためのメールアドレスを入力する

メールの件名

「追加ヘッダー」は上級者向けの設定で、メールヘッダーを追加することができる

「送信元」はメール送信元の名前とメールアドレスを入力する。サンプルフォームの設定では「[your-name]」が入力されているが、お問い合わせフォームに入力した人の名前になってしまうので、ブログ名や「お問い合わせフォーム」といった名前に変更しておいたほうが、お問い合わせ内容を受信したときにわかりやすい

「メッセージ本文」は、メール本文を設定する。使用できるメールタグを使ってお問い合わせフォームに入力された内容をメールで受け取れる

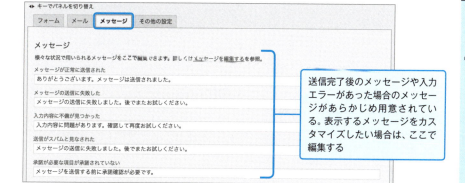

送信完了後のメッセージや入力エラーがあった場合のメッセージがあらかじめ用意されている。表示するメッセージをカスタマイズしたい場合は、ここで編集する

❷ お問い合わせフォームの設置

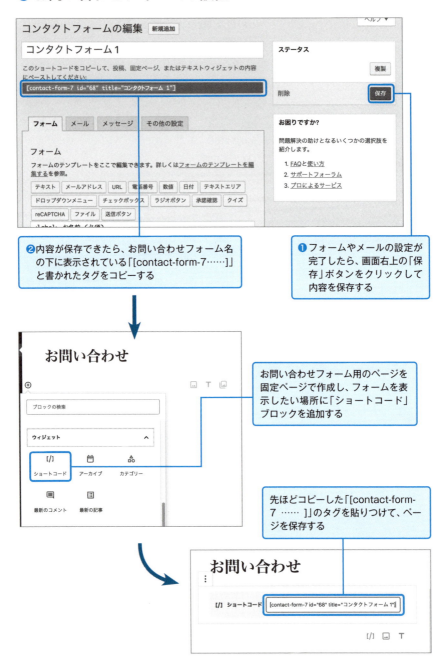

作成したページを表示して、お問い合わせフォームが表示されていたら完成です。お問い合わせフォームが表示できたら、忘れずにお問い合わせのテスト入力をしましょう。メールが受信できない・メール本文に入力内容が記載されていないなど、問題がある場合は「メール」タブで設定内容を修正し、お問い合わせ入力内容がきちんと受信できるようにしておきましょう。

Advice　お問い合わせフォームのテスト入力を忘れずに！

★ お問い合わせフォームを作成したら必ず入力テストを実施し、入力内容をメールで受信できるか確認する

3　お問い合わせ内容をデータベースに保存する「Flamingo」

　「Flamingo」は「Contact Form 7」で作成したお問い合わせフォームの入力内容をデータとして保存することができるプラグインです。お問い合わせフォームに入力された内容が何らかの理由でメール受信できなかった場合でも、WordPressの管理画面からお問い合わせ入力内容を確認できるようになります。「Flamingo」でお問い合わせの情報を保存できるのは、あくまで「Flamingo」が有効化されている状態のときに入力のあったお問い合わせのみです。

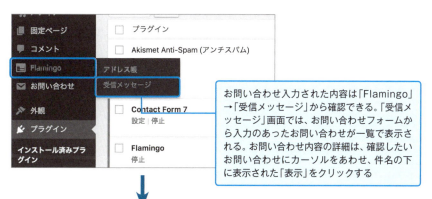

お問い合わせ入力された内容は「Flamingo」→「受信メッセージ」から確認できる。「受信メッセージ」画面では、お問い合わせフォームから入力のあったお問い合わせが一覧で表示される。お問い合わせ内容の詳細は、確認したいお問い合わせにカーソルをあわせ、件名の下に表示された「表示」をクリックする

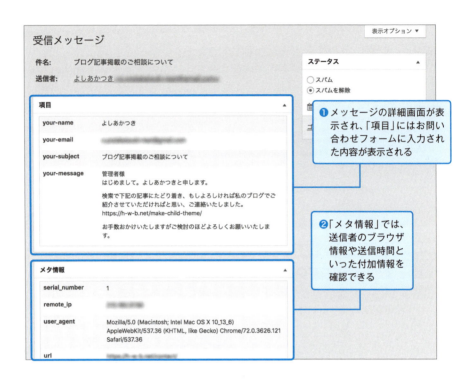

❶ メッセージの詳細画面が表示され、「項目」にはお問い合わせフォームに入力された内容が表示される

❷「メタ情報」では、送信者のブラウザ情報や送信時間といった付加情報を確認できる

> **Advice** お問い合わせのデータを保存して取りこぼしを防ぐ
>
> ★ フォームの入力内容をデータとして保存できるように、早めに「Flamingo」を有効化しておく

Google Analyticsのタグを簡単にブログに追加できる「GA Google Analytics」

「GA Google Analytics」は簡単な設定で、Google Analyticsのアクセス解析用のタグを追加できるプラグインです。

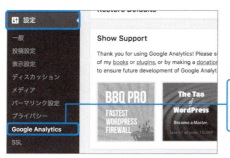

「GA Google Analytics」は「設定」→「Google Analytics」メニューから設定する

設定画面が表示されたら「Plugin Settings」をクリックする

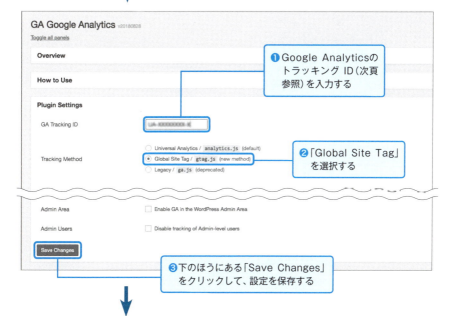

❶ Google Analyticsのトラッキング ID(次頁参照)を入力する

❷「Global Site Tag」を選択する

❸下のほうにある「Save Changes」をクリックして、設定を保存する

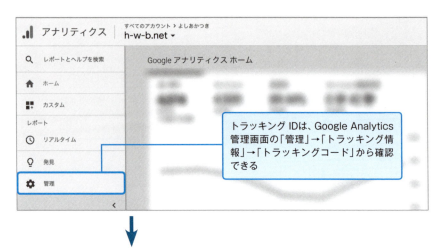

> **Advice** アクセス解析がきちんとできているか確認を忘れずに
>
> ★ 設定が完了したらアクセス解析できているか調べるために、自分でブログを表示して、リアルタイムアクセスにカウントされるかを確認する

SNSシェアボタンを設置「WP Social Bookmarking Light」

「WP Social Bookmarking Light」は、ブログにSNSのシェアボタンを追加できるプラグインです。

「WP Social Bookmarking Light」は、「設定」→「WP Social Bookmarking Light」から設定する

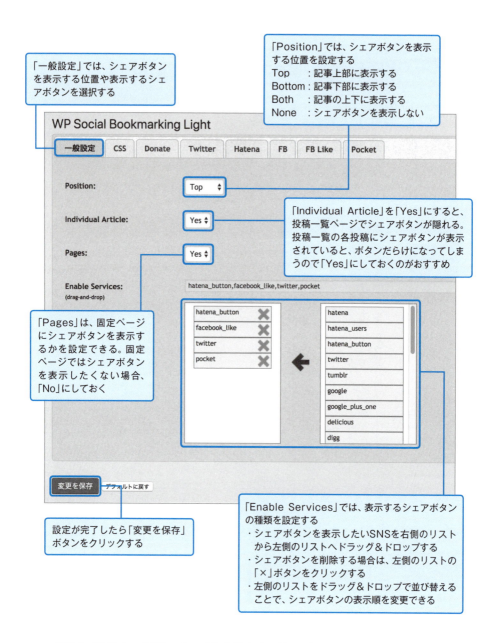

細かい調整は、実際にページを確認しながら設定を変更していきましょう。本書ではTwitter、Facebook、FB like、はてなブックマーク、LINEのボタン設定について見ていきます。

一般設定で表示するシェアボタンを選択すると、メニューのタブに各SNSの設定が追加される
設定をする内容は表示するSNSボタンによって違う

● Twitterの設定

設定	内容
Via	記事のシェアツイートに追加するアカウント名を設定する
Related	ツイート投稿後にフォローをおすすめするアカウント名を設定する
Hashtags	記事のシェアツイートに追加するハッシュタグを設定する
Dnt	「おすすめユーザー」欄に表示したくない場合「Yes」にする
Language	ツイートボタンの言語を選択する
Size	ツイートボタンのサイズを選択する
Version	「html」か「iframe」を選択できる。「html」でうまく表示できない場合は「iframe」を選択する

● Facebookの設定

設定	内容
Locale	「en_US」では「Like」、「ja_JP」では「いいね」など、ボタンの表示言語を設定できる
Version	ボタンのタグの種類を選択できる。初期設定の「xfbml」で問題があれば「html5」「iframe」など、ほかのタイプを選択する
Add fb-root	「Yes」にするとシェアボタン表示に必要なHTMLタグを出力する

● 「FB like」ボタンの表示設定

設定	内容
Layout	ボタンの表示種類を変更できる。「button_count」ではボタンに「いいね」された数を表示する。「button」ではシェア数は表示されない
Action	「Like」（いいね）と「recommend」（おすすめ）を選択できる
Share	「Yes」にすると「いいね」ボタンの右側にシェアボタンも表示される
Width	ボタンの横幅を設定する

● はてなブックマークの設定

設定	内容
Layout	ボタンの表示種類を変更できる

● LINEの設定

設定	内容
Button type	ボタンのサイズを選択できる
Protocol	「line://」を選択するとLINEのアプリから、「http://」を選択するとWEB版のLINEから記事がシェアできる

ブログに表示するボタンの追加と詳細設定も忘れずに

★ ブログに表示したいシェアボタンを選択してから、各SNSのボタン設定をする

6 XMLサイトマップを作成「Google XML Sitemaps」

「Google XML Sitemaps」は、検索エンジンにサイトの構造を伝えるための「XMLサイトマップ」を作成するプラグインです。

「Google XML Sitemaps」は「設定」→「XML-Sitemap」から設定する

基本的な設定

通知を更新: さらに詳しく

☑ Notify Google about updates of your site
No registration required, but you can join the Google Webmaster Tools

☑ Notify Bing (formerly MSN Live Search) about updates of your site
No registration required, but you can join the Bing Webmaster Tools to check crawling statistics.

☑ サイトマップの URL を仮想 robots.txt ファイルに追加
The virtual robots.txt generated by WordPress is used. A real robots.txt file must NOT exist in the site directory!

高度な設定: さらに詳しく

メモリの最大値を以下に増加: [　　] (例: "4M"、"16M")

実行時間制限を以下に増加: [　　] (秒で指定 (例: "60" など、または無制限の場合は "0"))

☑ Try to automatically compress the sitemap if the requesting client supports it.
Disable this option if you get garbled content or encoding errors in your sitemap.

XSLT スタイルシートを含める: [　　　　　　] (.xsl ファイルへの絶対または相対パス) ☑ デフォルト設定を使用

Override the base URL of the sitemap: [　　　]
Use this if your site is in a sub-directory, but you want the sitemap be located in the root. Requires .htaccess modification. さらに詳しく

☑ HTML形式でのサイトマップを含める

☐ 匿名の統計を許可する（個人情報は含まれません） さらに詳しく

❶「基本的な設定」では、GoogleやBingの検索エンジンへの通知設定などを行うが、初期設定から特に変更する必要はない

Additional Pages

Here you can specify files or URLs which sh...
For example, if your domain is www.foo.com...
homepage at www.foo.com

メモ: If your site is in a subdirectory and you...
place your sitemap file in the root directory (...

ページの URL: ページの URL を入力して下さい。 例: http://www.foo.com/index.html や www.foo.com/home

優先順位の設定 (priority): 他のページに対し、相対的な優先順位を選んでください。例えば、ホームページの優先順位を他のページより高くできます。

最終更新日: 最終更新日を YYYY-MM-DD 形式で入力して下さい。

ページの URL	優先順位の設定 (priority)	更新頻度の設定 (changefreq)	最終更新日	#
	0 ▼	常時 ▼		X

新しいページの追加

❷「Additional Pages」にはWordPressサイトの管理外のページをサイトマップに追加することができる。追加したページは、WordPressで作成したページとまとめて検索エンジンなどにページの存在を知らせることができる

投稿の優先順位

投稿の優先順位の計算方法を選択してください:

◉ 優先順位を自動的に計算しない
すべての投稿が "優先順位" で定義されたのと同じ優先度を持つようになります。

◯ コメント数
コメント数から投稿の優先順位を計算する

◯ 平均コメント数
平均コメント数を使って優先順位を計算する

❸「投稿の優先順位」では、XMLサイトマップに含まれたページの優先順位の計算方法を設定する。「優先順位を自動的に計算しない」を選択しておく

Sitemap コンテンツ

WordPress標準コンテンツ：
- ☑ ホームページ
- ☑ 投稿 (個別記事) を含める
- ☑ 固定ページを含める
- ☐ カテゴリーページを含める
- ☐ アーカイブページを含める
- ☐ 投稿者ページを含める
- ☐ タグページを含める

詳細なオプション：
- ☑ 最終更新時刻を含める。
これは非常に推奨であり、検索エンジンがあなたのコンテンツが変更された時間を知る助けになります。このオプションはすべてのサイトマップエントリに影響します。

❹「Sitemapコンテンツ」では、XMLサイトマップに含めるコンテンツを選択する。「ホームページ」と「投稿（個別記事）を含める」には必ずチェックをつけておき、そのほかの項目については必要に応じてチェックをつける。たとえば、固定ページで作成したページがお問い合わせやプライバシーポリシーなど、検索結果に表示する必要のないページだけの場合、固定ページを必ずしもサイトマップに含める必要はない

Excluded Items

含めないカテゴリー：
- ☐ ブログ・YouTube・SNS
- ☐ メディア掲載
- ☐ 健康・美容
- ☐ 写真誌・写真集
- ☐ 出版パーティー

投稿 (個別記事) を含めない：
以下の投稿または固定ページを含めない: カンマ区切りの ID 一覧

メモ: 子カテゴリーは自動的に除外されません。

❺「Excluded Items」では、サイトマップに含めないカテゴリーやサイトマップに含めない投稿を設定できる。特に設定を変える必要はないが、もし検索結果に載せたくないカテゴリーや投稿がある場合は設定する

Change Frequencies

メモ: このタグの値は絶対的な命令ではなくヒントとみなされます。検索エンジンのクローラはこの設定を考慮に入れますが、"1時間おき" の設定にしてもその頻度でクロールしないかもしれないし、"年に1度" の設定にしてもより頻繁にクロールされるかもしれません。また "更新なし" に設定されたページも、予想外の変更に対応するため、おそらく定期的にクロールが行われるでしょう。

毎日	ホームページ
毎週	投稿 (個別記事)
毎月	固定ページ
毎月	カテゴリー別
毎日	今月のアーカイブ (たいていは"ホームページ"と同じでしょう)
毎年	古いアーカイブ (古い投稿を編集したときにのみ変更されます)
毎週	タグページ
毎週	投稿者ページ

❻「Change Frequencies」では、各項目の更新頻度に関する情報を設定できる。「メモ」にも記載のあるとおり、あくまで参考値として使われる内容なので、初期設定から特に変更しなくても大丈夫

優先順位の設定 (priority)

値	項目
1.0	ホームページ
0.6	投稿 (個別記事) ("基本的な設定"で自動計算に設定していない場合に有効)
0.2	投稿優先度の最小値 ("基本的な設定"で自動計算に設定している場合に有効)
0.6	固定ページ
0.3	カテゴリー別
0.3	アーカイブ別
0.3	タグページ
0.3	投稿者ページ

[設定を更新»] [設定をリセット]

❼「優先順位の設定」では、各項目の優先順位を設定できる。初期設定から変更する必要はないが、もし固定ページより投稿を優先したい場合は投稿と固定ページの優先順位の数字に大きな差ができるような値の設定をする

❽すべての設定が完了したら「設定を更新」をクリックする

XML Sitemap Generator for WordPress 4.0.9

検索エンジンはまだ通知されていません

あなたのサイトマップのインデックスファイルのURL: https://h-w-b.net/sitemap.xml

検索エンジンは通知されていません。あなたのサイトマップを知らせるには投稿を書いてください。

Notify Search Engines about your sitemap or your main site now.

もし、サイトマップに関して何らかの問題に遭遇している場合

If you like the plugin, please rate it 5 stars! :)

XMLサイトマップのURLは、「Google XML Sitemaps」の設定ページ上部に表示される。リンクをクリックするとサイトマップを確認することができる

XML Sitemap Index

This is a XML Sitemap which is supposed to be processed by search engines which follow the XML Sitemap standard like Ask.com. It was generated using the WordPress content management system and the Google Sitemap Generator Plugin by Arne Brachhold. You can find more information about XML sitemaps on sitemaps.org and Google's list of sitemap programs.

This file contains links to sub-sitemaps, follow them to see the actual sitemap content.

URL of sub-sitemap	Last modified (GMT)
https://h-w-b.net/sitemap-misc.xml	2018-09-21 05:34
https://h-w-b.net/sitemap-pt-post-2018-09.xml	2018-09-21 05:34
https://h-w-b.net/sitemap-pt-post-2018-08.xml	2018-09-17 09:08
https://h-w-b.net/sitemap-pt-post-2018-05.xml	2018-09-11 05:06
https://h-w-b.net/sitemap-pt-page-2018-09.xml	2018-09-19 05:34

Generated with Google (XML) Sitemaps Generator Plugin for WordPress by Arne Brachhold. This XSLT template is released under the GPL and free to use.

If you have problems with your sitemap please visit the plugin FAQ or the support forum.

Google Search Consoleへサイトマップを登録する

　Googleがサイト管理者向けツールとして提供しているGoogle Search Consoleに、作成したサイトマップを登録しましょう。

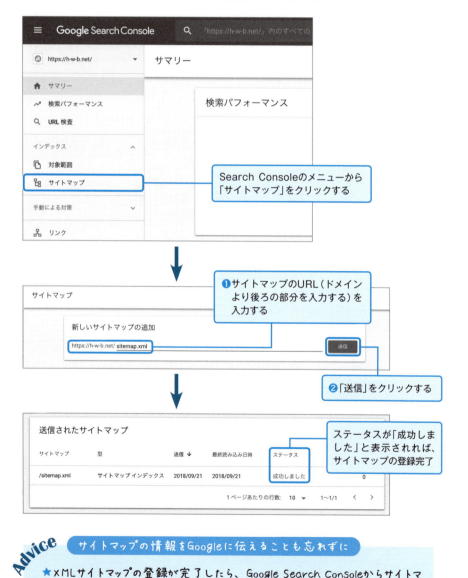

> **Advice**　サイトマップの情報をGoogleに伝えることも忘れずに
>
> ★XMLサイトマップの登録が完了したら、Google Search Consoleからサイトマップを送信する

スパムコメント対策「Akismet Anti-Spam」

「Akismet Anti-Spam」は、自動でスパムコメントの対策ができるプラグインです。

エックスサーバーの自動インストール機能を使った場合、WordPress本体と一緒にプラグインもインストールされています。

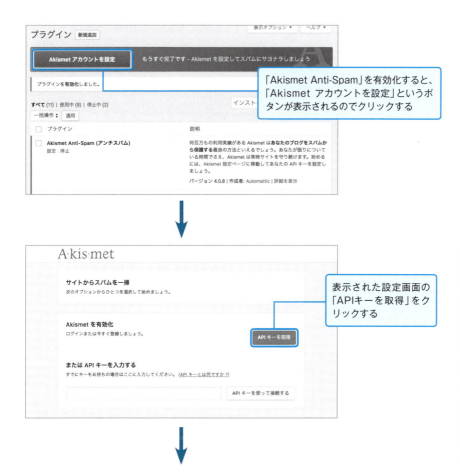

「Akismet Anti-Spam」を有効化すると、「Akismet アカウントを設定」というボタンが表示されるのでクリックする

表示された設定画面の「APIキーを取得」をクリックする

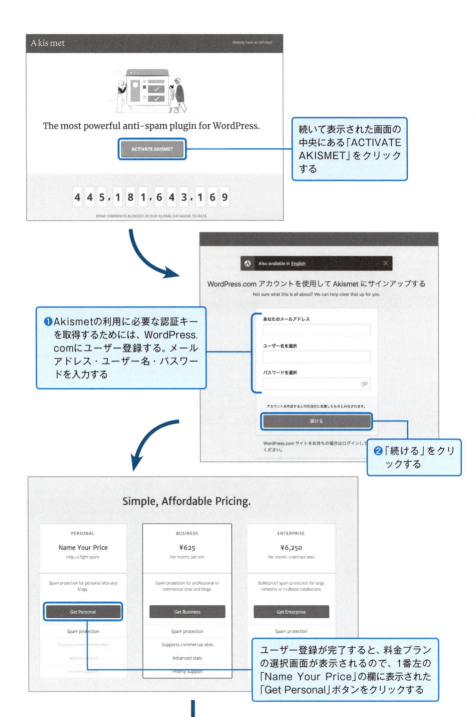

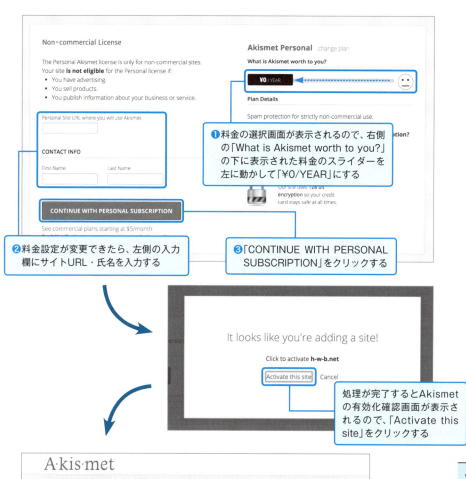

Advice　インストールだけでなく外部サービスの連携が必要なものもある

★ Akismetの利用には、WordPress.comのユーザー登録をして認証キーを取得する必要がある

データ・ファイルの自動バックアップ「BackWPup」

「BackWPup」は、サイトの記事データや画像データなどを自動でバックアップできるプラグインです。

❶プラグインを有効化すると「BackWPup」メニューが追加される。各サブメニューから、バックアップの実行や予約設定をする

❷「BackWPup」→「ジョブ」をクリックして、バックアップの設定を追加する

ジョブの一覧画面が表示されるので、「新規追加」をクリックする

一般

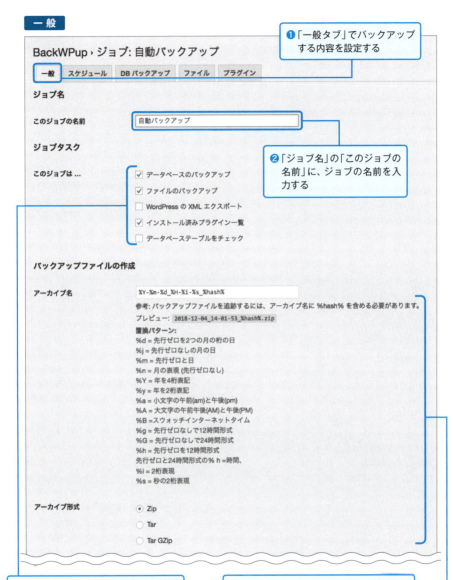

❶「一般タブ」でバックアップする内容を設定する

❷「ジョブ名」の「このジョブの名前」に、ジョブの名前を入力する

❸「ジョブタスク」では、バックアップの内容を選択する。「データベースのバックアップ」「ファイルのバックアップ」「インストール済みプラグイン一覧」にチェックを入れる

❹「バックアップファイルの作成」の設定も、初期状態から変更する必要はない。「アーカイブ名」は作成するファイルの命名ルールを設定する。「アーカイブ形式」は作成するファイルの形式を選択する

3 ブログに強力な機能を追加できる「プラグイン」

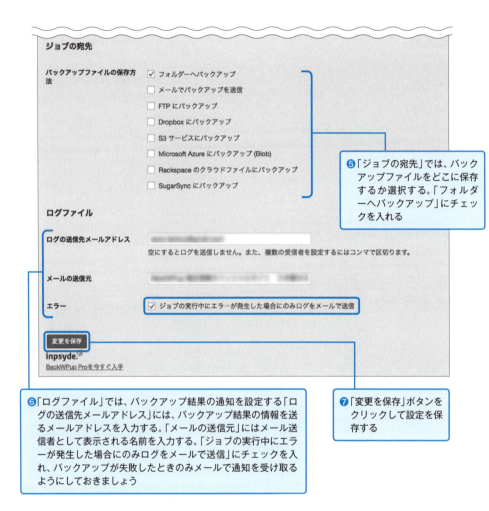

スケジュール

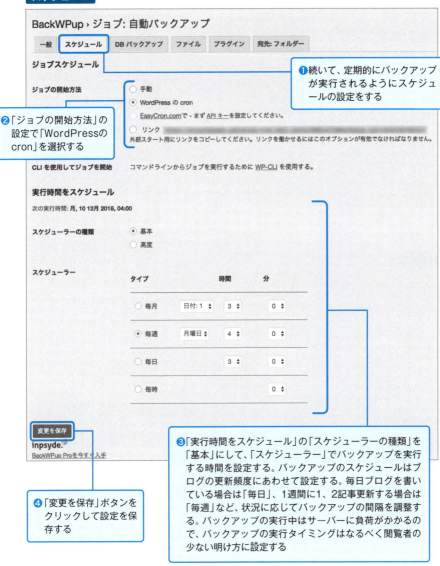

DBバックアップ

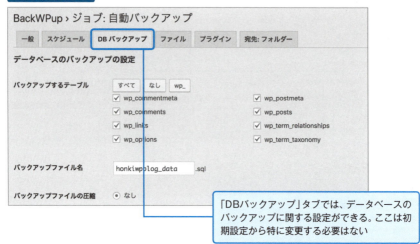

ファイル

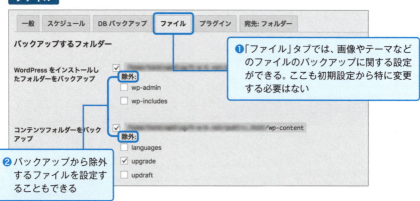

プラグイン

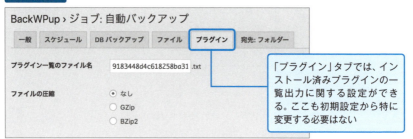

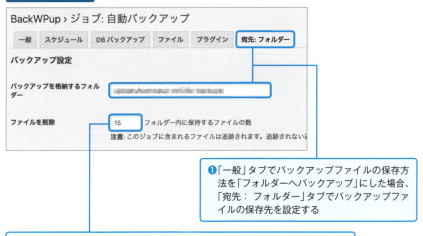

❶「一般」タブでバックアップファイルの保存方法を「フォルダーへバックアップ」にした場合、「宛先: フォルダー」タブでバックアップファイルの保存先を設定する

❷「ファイルを削除」に、バックアップファイルを保存しておくファイルの上限を指定する。15に設定していた場合、16回目のバックアップからは1番古いバックアップファイルが削除される。毎日バックアップを実行して、過去14日分のバックアップを作成したい場合は「14」、7日分のバックアップを作成したい場合は「7」を設定する。バックアップファイルを多く保存すると、それだけサーバーの保存容量を使ってしまうので注意する

バックアップジョブの確認

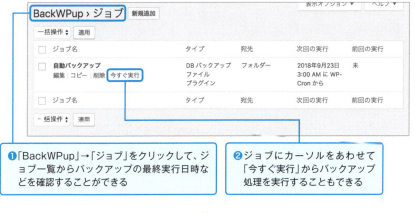

❶「BackWPup」→「ジョブ」をクリックして、ジョブ一覧からバックアップの最終実行日時などを確認することができる

❷ジョブにカーソルをあわせて「今すぐ実行」からバックアップ処理を実行することもできる

バックアップが作成されると、「前回の実行」の下に「ダウンロード」の文字が表示される。クリックすると最新のバックアップファイルをダウンロードすることができる

 バックアップ処理はサイトの表示に影響が少ない時間に実行する

★ バックアップは閲覧者の少ない明け方に自動実行するよう、スケジュール設定する

9 日本語環境での最適化「WP Multibyte Patch」

「WP Multibyte Patch」は、日本語でWordPressを使うためにさまざまな最適化をするためのプラグインです。特別な設定画面はありませんが、WordPressで日本語サイトを運営するのに必要なプラグインなので、必ず有効化しておきましょう。

 WordPressで日本語サイトをつくるなら絶対に必要なプラグイン

★ 日本語でWordPressサイトを運営するならば「WP Multibyte Patch」を必ず有効化しておく

18 プラグインのインストール方法

プラグインのインストール方法や探し方、インストール済みプラグインの管理方法について見ていきます。

Check!
- ☑ プラグインをうまく活用することが、WordPressで思いどおりのブログを運営するためのポイントになる
- ☑ まずGoogle検索で、ブログにほしい機能を追加できるプラグインを調べてから、管理画面から検索してインストールする
- ☑ プラグインの削除は、プラグインを停止してから行う

1 ブログにさまざまな機能を追加できる「プラグイン」

WordPressでは「プラグイン」という拡張機能を使うことによって、さまざまな機能をサイトに追加することができます。

たとえば画像スライダーを作成したり、SNSシェアボタンやフォローボタンを表示したり、記事の公開と同時にSNSに更新情報を投稿したり、そのほか数えきれないほどの機能をプラグインで追加することができます。

2 プラグインの検索とインストール方法

プラグインの検索にもテーマの検索のように、「注目」「人気」といった絞り込みがありますが、追加したい機能にあわせてプラグインを選ぶことが多いので、絞り込み機能を使うことはあまりありません。

まずは「WordPress プラグイン お問い合わせフォーム」など、**「WordPress プラグイン ＋ 追加したい機能」をキーワードにGoogle検索をして、目的の機能を追加できそうなプラグインの名前を調べます**。プラグインを紹介している記事からプラグイン名がわかったら、プラグインの新規追加ページでプラグインを検索します。

プラグインのインストール方法には、プラグインを検索してインストール

3 ブログに強力な機能を追加できる「プラグイン」

する方法とZIPファイルをアップロードしてプラグインをインストールする方法とがあります。プラグインを使うためには「有効化」する必要があるので、「有効化」ボタンをクリックして忘れずにプラグインを有効化しましょう。

③ プラグインを検索してインストールする方法

手順1 「プラグイン」→「新規追加」を開く。

「新規追加」をクリックする

手順2 右上のキーワード欄に、Google検索で調べておいたインストールしたいプラグインの名前を入力して Enter キーをを押す。

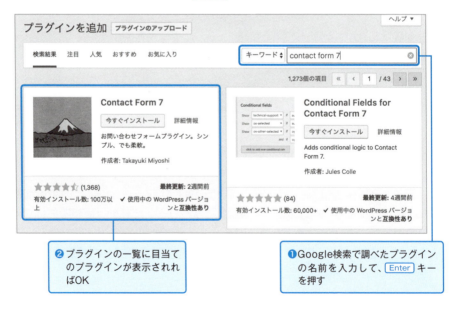

❶ Google検索で調べたプラグインの名前を入力して、Enter キーを押す

❷ プラグインの一覧に目当てのプラグインが表示されればOK

プラグインのインストールと有効化

手順1 インストールしたいプラグインが一覧に表示されたら、「今すぐインストール」をクリックする。

手順2 ボタンが「有効化」に変わったら、クリックして、プラグインを有効化する。

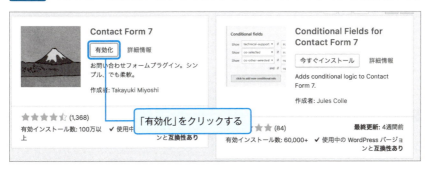

4 ZIPファイルをアップロードしてプラグインをインストールする

　プラグインによっては、インストールできるプラグインの一覧に出てこないものがあります。そういったプラグインは、プラグインを提供（販売）しているサイトからZIPファイルをダウンロードして、そのファイルをWordPressの管理画面からアップロードしてインストールします。

手順1 プラグイン新規追加画面の上に表示された「プラグインのアップロード」ボタンをクリックする。

手順2 「ファイルを選択」をクリックして、アップロードするZIPファイルを選択する。

手順3 「今すぐインストール」をクリックすると、プラグインのインストールが開始される。

手順4 プラグインのインストール完了画面に表示された「プラグインを有効化」をクリックすると、プラグインのインストール・有効化が完了する。

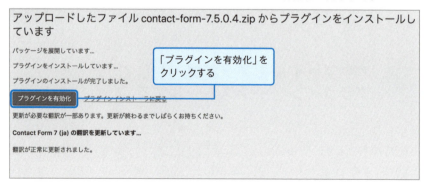

プラグインの停止・削除方法

❶ インストールされているプラグインの確認

手順　「プラグイン」→「インストール済みプラグイン」から確認できる。

❶「インストール済みプラグイン」をクリックする

❸インストールされているプラグインの中で、有効化されているプラグインは背景が青色になり、左側に青色の線が表示される

❷インストールされているプラグインが一覧で表示される

❷ プラグインの停止

手順　有効化されているプラグインの停止は、プラグイン名の下に表示された「停止」をクリックする。

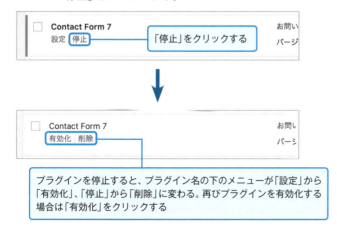

プラグインを停止すると、プラグイン名の下のメニューが「設定」から「有効化」、「停止」から「削除」に変わる。再びプラグインを有効化する場合は「有効化」をクリックする

❸ プラグインの削除

手順 プラグインの削除は、プラグイン名の下に表示された「削除」をクリックする。

※「削除」はプラグインを停止しないと表示されない。プラグインを削除する場合は、事前にプラグインを停止する必要があるので注意する。

Advice プラグインでほしい機能を追加して、不要になったら削除する

★ 「プラグイン」→「新規追加」メニューからプラグインを検索してインストールする
★ 販売されているプラグインなど、一覧からインストールできないプラグインはZIPファイルをアップロードしてインストールする
★ プラグインの削除ボタンは、プラグインを停止しないと表示されない

プラグインはテーマと違い、管理画面からフィルター検索で絞り込むのが難しいので、Google検索などでプラグイン名を調べてから管理画面で検索しましょう!

Chapter - 4

高機能で便利な
WordPressテーマを使ってみる

WordPressの管理画面からインストールできるテーマは「公式テーマ」、管理画面からインストールできないテーマは「非公式テーマ」などと呼ばれています。非公式テーマは管理画面から簡単にインストールできない反面、公式テーマにはない便利な機能が備わっていることが魅力です。無料非公式テーマ「yStandard」を使ったブログの設定例を見ていきます。

もしテーマのサイトで
子テーマが配布されていない場合は、
「特典PDF」を参考に、
子テーマを作成しましょう。

19 公式テーマと非公式テーマの違い

WordPressテーマには「公式テーマ」と「非公式テーマ」と呼ばれるものがあります。公式テーマと非公式テーマの違いやメリット・デメリットについて見ていきます。

Check!
- ☑ 非公式テーマは、テーマファイルをダウンロードしてインストールする必要がある
- ☑ 公式テーマにはデザイン面以外の機能がないため、ほしい機能はプラグインで追加する
- ☑ 公式・非公式の違いやテーマごとの特徴を比較して、自分のブログ運営スタイルにあうテーマを選ぶ

1 インストール方法の違い

WordPressのテーマには「公式テーマ」と呼ばれるものと「非公式テーマ」と呼ばれるものがあり、それぞれ違いがあります。

公式テーマはWordPressの管理画面からインストールすることができますが、非公式テーマは管理画面からインストールすることができません。

公式テーマであればテーマの追加画面から条件を絞り込んで検索し、プレビューを見ながらイメージにあったテーマを選ぶことができます。

非公式テーマの場合は検索エンジンなどでテーマを探し、テーマのサイトからZIPファイルをダウンロードしてWordPressにアップロード・インストールする必要があります。

2 機能面の違い

機能面では、**公式テーマはデザインに関係のない機能は含まれません。**これは、公式テーマとして登録するためのルールとして、デザイン面以外の機能をテーマに追加することができないからです。

デザイン面以外の機能の例としては、Google Analyticsなどのアクセス解

析ツールのタグを埋め込む機能や広告コードを差し込む機能などがあります。公式テーマを使う場合は、プラグインをインストールして必要な機能をブログに追加する必要があります。

一方で、非公式テーマにはそういった制限がないので、テーマを入れるだけで簡単にアクセス解析のタグを追加できたり広告の設定ができたりする高機能なテーマがたくさんあります。

ただし、**非公式テーマは、高機能がゆえに設定がわかりづらく使いこなすのが難しかったり、テーマの機能に依存してしまい、テーマを変更しづらくなったりするデメリットもあります。**

どちらのテーマがすぐれているということはありませんが、公式・非公式の違いやテーマごとに特徴があるので、自分のブログ運営スタイルにあわせてテーマを選んでみましょう。

Advice 公式テーマ・非公式テーマにはそれぞれ特徴がある

★ 非公式テーマはテーマファイルをダウンロードしてインストールする必要がある
★ 公式テーマにはデザイン面以外の機能がないため、ほしい機能はプラグインで追加する
★ 公式・非公式の違いやテーマごとの特徴を見て、自分のブログ運営スタイルにあうテーマを選ぶ

公式・非公式どちらも素晴らしいテーマがたくさんあります。公式テーマはテーマの設定がシンプルで、機能追加はプラグインで行う傾向にあり、非公式テーマは便利な設定までオールインワンで入っていますが、設定がやや複雑になる傾向にあります。

非公式テーマをWordPressに インストールする方法

非公式テーマは、WordPressの管理画面からテーマを探してインストールすることができないので、公式テーマとは少し違った手順でテーマをインストールします。

Check!
- ☑ 非公式テーマは公式テーマと違い、テーマのサイトからテーマファイルをダウンロードする必要がある
- ☑ テーマ公式サイトのダウンロードページや有料テーマの場合は、決済後の案内からZIPファイルをダウンロードする
- ☑ 非公式テーマのインストールは、管理画面の「テーマ」メニューからZIPファイルをアップロードしてインストールする

1 非公式テーマの入手方法

　公式テーマは、管理画面からテーマの検索をしてプレビューを確認しながらインストール・有効化までできましたが、非公式テーマは管理画面からの検索やプレビューができません。

　非公式テーマは、テーマのサイトからダウンロードするか、有料のテーマであればテーマ購入後に案内されるダウンロード用リンクからZIPファイルをダウンロードして入手します。

　本書では無料非公式テーマ「yStandard」を例に、非公式テーマの入手方法、WordPressサイトへのインストール方法について見ていきます。

> **yStandard**
> https://wp-ystandard.com/

Advice 非公式テーマはテーマのダウンロードが必要

★ 非公式テーマは公式テーマと違い、テーマのサイトからテーマファイルをダウンロードする必要がある

② 非公式テーマをダウンロード・インストールする

手順 テーマのサイトからテーマファイルをダウンロードする。

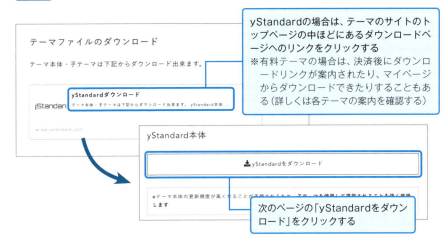

③ 非公式テーマをインストールして有効化する

手順 ダウンロードしたZIPファイルをWordPressにアップロードする。

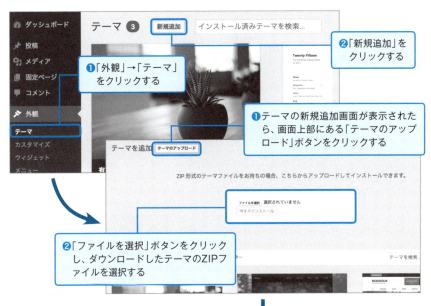

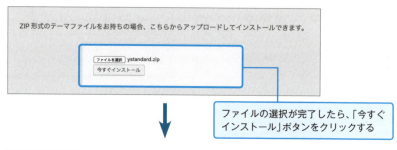

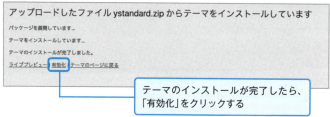

これで非公式テーマのインストール・有効化は完了です。

Advice ダウンロードしたテーマを管理画面からアップロードする

★ テーマ公式サイトのダウンロードページや有料テーマの場合は、決済後の案内からZIPファイルをダウンロードする
★ 非公式テーマのインストールは、管理画面の「テーマ」メニューからZIPファイルをアップロードしてインストールする

非公式プラグインは、管理画面から検索してインストールすることができません。少し面倒ですが、テーマのサイトからZIPファイルをダウンロードしてきて、ブログにインストールしましょう。

21 非公式テーマ「yStandard」の設定をする

非公式テーマのインストール・有効化ができたら、次はテーマの設定をしてみましょう。本書では「yStandard」の設定を例に、非公式テーマの設定についてのポイントなどを見ていきます。

Check!
- ☑ yStandardのテーマ設定はテーマカスタマイザーから行う
- ☑ yStandardではプラグインを使わずに、OGP※やTwitterカードといったSNS連携の設定やアクセス解析の設定ができる
  ※ FacebookなどのSNS上で、webページの内容を伝えるために定められたプロトコル
- ☑ 投稿詳細ページ・固定ページ・記事一覧ページのレイアウトを個別に設定できる

1 テーマのカスタマイズを考えているなら「子テーマ」をインストールしておく

　テーマのインストール・有効化ができたら早速設定を進めたいところですが、その前に「子テーマ」についてお話しします。
　WordPressテーマには、テーマのアップデートでカスタマイズ内容が消えないように、「子テーマ」というしくみがあります。
　テーマ内のファイル（PHP、CSS）を編集しない場合は、必ずしも子テーマをインストールする必要はありませんが、テーマのカスタマイズを考えているのであれば、最初から子テーマを使うことをおすすめします。
　もしテーマのサイトで子テーマが配布されている場合は、子テーマを利用するようにしましょう。子テーマが配布されていない場合は、「特典PDF」を参照して、子テーマの作成にチャレンジしてみてください。
　yStandardでは、テーマのダウンロードページで、子テーマもダウンロードすることができます。

● yStandard子テーマ (https://wp-ystandard.com/download-ystandard/)

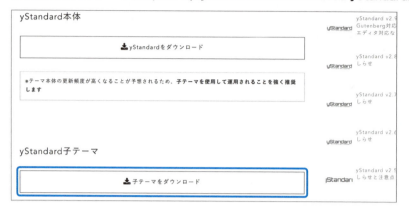

　非公式テーマのインストール方法と同様に、ZIPファイルをダウンロードし、テーマの新規追加画面からファイルをアップロードしてインストールします。
　テーマのインストールが完了すると、テーマの一覧に親テーマと子テーマの両方が表示されます。

● テーマ一覧に「子テーマ」が表示される

　子テーマを有効化して、ブログの表示を確認してみましょう。
　このとき、**親テーマは有効化しませんが、消してしまうとブログが表示できなくなってしまうので、絶対に削除しないでください。**
　サイトのデザインが切り替われば子テーマの有効化完了です。

● サイトのデザインが切り替わった状態

Advice テーマのカスタマイズを考えているなら子テーマを使おう

★ テーマの公式サイトで子テーマが配布されている場合は子テーマを利用する

2 yStandardテーマの設定画面（テーマカスタマイザー）を開く

　yStandardの子テーマが有効化できたら、続いてテーマの設定を進めます。yStandardの子テーマを有効化すると、管理画面のメニューに「yStandard」が追加されます。このyStandard 設定ページでは、テーマの設定ができる場所の案内とテーマのバージョン情報などを確認できます。

　yStandardではテーマカスタマイザーで各種設定を行いますが、テーマによっては専用の設定ページが用意されていることもあります。使用するテーマのマニュアルを参考に設定を進めましょう。

手順 テーマカスタマイザーを開く。

設定画面は、「yStandard」→「テーマカスタマイザーを開く」をクリックするか、「外観」→「カスタマイズ」からテーマカスタマイザーを表示する

設定項目の先頭に「[ys]」とついている項目は、yStandard独自の設定項目

Advice テーマの設定がどこからできるか確認しよう

★ yStandardでは、テーマカスタマイザーでテーマの設定を行う
★ 非公式テーマによっては専用の設定ページが用意されているものもある

3 サイトの基本情報を設定する

　yStandardでは、SEO対策としてサイトの情報を検索エンジンに伝えやすくするために、「**構造化データ**」を自動で生成する機能があります。**構造化データの指定でロゴ画像が必須となるため、ヘッダーにテキストを表示する場合でも、仮のロゴ画像を設定することをおすすめします。**

手順1 サイトのロゴを設定する。

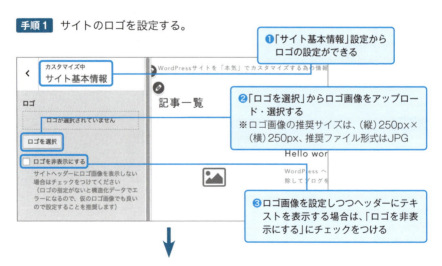

❶「サイト基本情報」設定からロゴの設定ができる

❷「ロゴを選択」からロゴ画像をアップロード・選択する
※ロゴ画像の推奨サイズは、(縦)250px×(横)250px、推奨ファイル形式はJPG

❸ロゴ画像を設定しつつヘッダーにテキストを表示する場合は、「ロゴを非表示にする」にチェックをつける

手順2 サイトのキャッチフレーズを設定する。

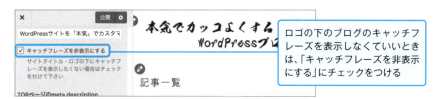

手順3 SEO対策設定として、トップページのmeta descriptionを設定する。

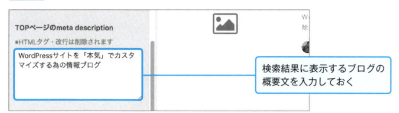

「サイトアイコン」設定では、ブログを表示したときにブラウザのタブに表示されるアイコン画像を設定できます。アイコン画像は、ブックマークやブログへのリンクを作成するサービスなどで表示されることがあるので、なるべく設定しておきましょう。

手順4 サイトアイコンを設定する。

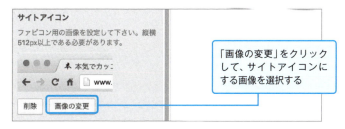

「apple touch icon」の設定では、スマートフォン用のアイコン画像を設定できます。サイトアイコンと同じ画像にすることがほとんどですが、**サイトアイコンに指定した画像の背景が透明だった場合、スマートフォンのホーム画面で表示されるアイコンの背景が真っ黒になってしまうおそれがあります。**そのため、yStandardでは「サイトアイコン」と「apple touch icon」に別の画像を設定できるようになっています。

手順5 スマートフォン用のアイコン画像を設定する。

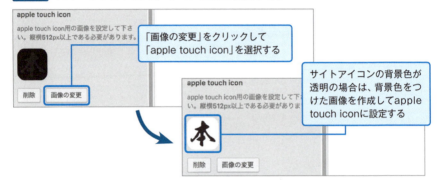

Advice　まずはブログの基本設定をしよう！

★ yStandardのSEO対策機能を有効活用するためにも、ロゴ画像を設定する
★ 必要に応じてキャッチフレーズの表示・非表示を切り替える
★ サイトアイコンの背景色が透明の場合、apple touch iconに背景色ありの画像を設定する

④ デザイン設定をする

● ブログのレイアウトなどに関する設定は「[ys]デザイン設定」から

デザイン設定では、ヘッダーや投稿一覧のレイアウト、投稿詳細ページの記事下の表示などが設定できる

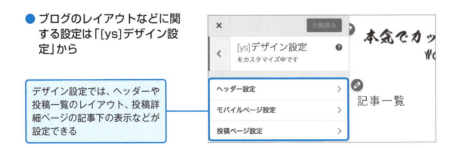

手順1 ヘッダーのレイアウトを設定する。

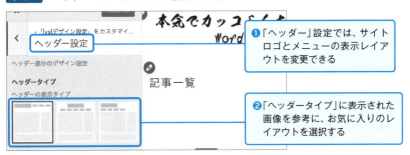

❶「ヘッダー」設定では、サイトロゴとメニューの表示レイアウトを変更できる

❷「ヘッダータイプ」に表示された画像を参考に、お気に入りのレイアウトを選択する

手順2 投稿詳細ページのレイアウトを設定する。

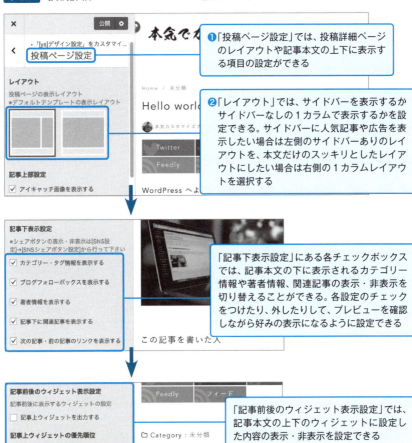

❶「投稿ページ設定」では、投稿詳細ページのレイアウトや記事本文の上下に表示する項目の設定ができる

❷「レイアウト」では、サイドバーを表示するかサイドバーなしの1カラムで表示するかを設定できる。サイドバーに人気記事や広告を表示したい場合は左側のサイドバーありのレイアウトを、本文だけのスッキリとしたレイアウトにしたい場合は右側の1カラムレイアウトを選択する

「記事下表示設定」にある各チェックボックスでは、記事本文の下に表示されるカテゴリー情報や著者情報、関連記事の表示・非表示を切り替えることができる。各設定のチェックをつけたり、外したりして、プレビューを確認しながら好みの表示になるように設定できる

「記事前後のウィジェット表示設定」では、記事本文の上下のウィジェットに設定した内容の表示・非表示を設定できる

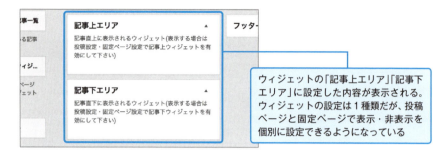

手順3 固定ページのレイアウトを設定する。

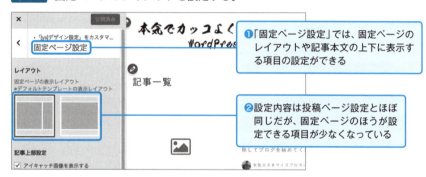

手順4 アーカイブ（投稿一覧ページ）のレイアウトを設定する。

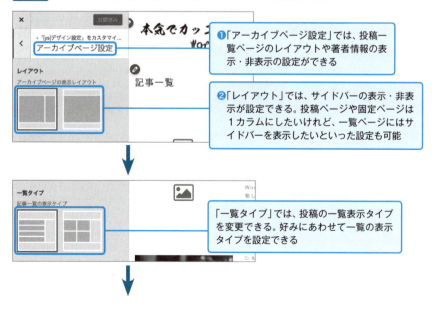

左側のリストタイプでは、1行に1記事ずつ投稿が一覧表示される

右側のカードタイプでは、1行に2記事ずつ投稿が一覧表示される

Advice レイアウトなどデザインの設定をする

★ デザイン設定では、レイアウトや表示項目の設定ができる
★ 投稿ページ・固定ページ・記事一覧ページで、別々のレイアウトを設定できる

5 SNSの連携を設定する

● SNSの連携設定画面

「[ys]SNS設定」では、各種SNSとの連携に関する設定ができる

手順1 OGPの設定をする。FacebookやTwitterで投稿がシェアされた際に表示する画像やタイトルの指定は、OGPというルールに沿った記述をページに追加する必要がある。

「OGPのmetaタグを出力する」にチェックをつけることで、必要な情報を自動でページに追加することができる

OGP設定を有効にすると、Facebookに記事URLを投稿したときにアイキャッチ画像やタイトルが表示されるようになる。もしOGPの設定がない場合、Facebookが記事内の画像を自動で取得するため、どの画像が使われるかわからない。記事の内容にあった画像を表示させるためにも、OGP設定は有効にしておく

手順2 Twitterの連携設定をする。

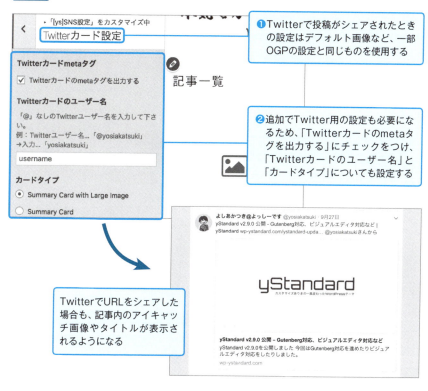

手順3 SNSのシェアボタンを設定する。

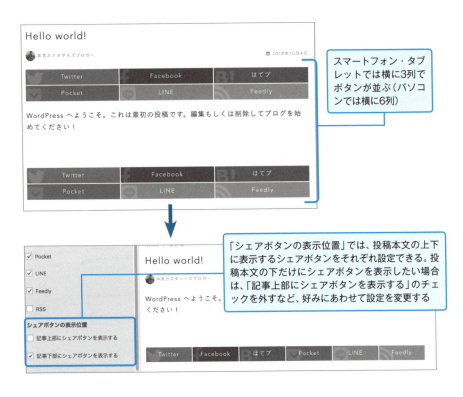

スマートフォン・タブレットでは横に3列でボタンが並ぶ（パソコンでは横に6列）

「シェアボタンの表示位置」では、投稿本文の上下に表示するシェアボタンをそれぞれ設定できる。投稿本文の下だけにシェアボタンを表示したい場合は、「記事上部にシェアボタンを表示する」のチェックを外すなど、好みにあわせて設定を変更する

手順4 フォローボタンを設定する。

「フォローボタン設定」では、投稿ページ・固定ページ本文の下に表示されるSNSのフォローボタンの設定ができる。
Twitter、Facebookページ、Feedlyのボタンを表示することができる。それぞれ、アカウントのフォロー、購読ページのURLを入力することでボタンが表示される

例 Twitterのフォローボタンであれば「https://twitter.com/yosiakatsuki」のように、「https://twitter.com/[アカウント名]」を入力する（フォローボタンの左横に表示される画像は投稿のアイキャッチ画像が表示される）

手順5 フッターSNSフォローリンクの設定をする。

「フッター SNSフォローリンク設定」では、フッターに表示するSNSのリンクを設定できる。各SNSの入力欄にURLを入力することで、フッターにSNSアイコンが表示される

例 Twitterのフォローボタンであれば「https://twitter.com/yosiakatsuki」のように、「https://twitter.com/[アカウント名]」を入力する

フッターのSNSリンクは全ページに表示される。投稿ページ・固定ページの本文の下に表示されるフォローボタンには個人アカウントを設定し、フッターにはブログの更新情報発信用アカウントをリンクさせるなど、設定するSNSアカウントを切り替えることもできる

Advice　SNSのシェア・フォロー関連の設定をしよう！

★ Facebook、TwitterでURLがシェアされた際、画像などが表示されるようにOGP・Twitterカードの設定をする
★ ブログに表示したいSNSのシェアボタンを簡単に選択できる
★ SNSアカウントをフォローするためのリンクを簡単に設定できる

SNSシェアの設定をして、記事をシェアしてもらいやすく、たくさんの人に見てもらえるようにしましょう。あわせてSNSアカウントのフォローに関する設定をして、簡単にフォローしてもらえるようにしておきましょう！

アクセス解析の設定をする

手順 Google Analyticsの設定をする。

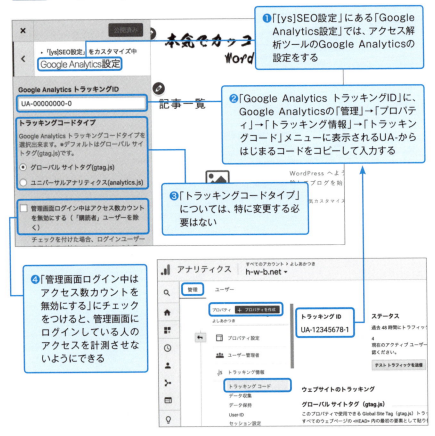

❶「[ys]SEO設定」にある「Google Analytics設定」では、アクセス解析ツールのGoogle Analyticsの設定をする

❷「Google Analytics トラッキングID」に、Google Analyticsの「管理」→「プロパティ」→「トラッキング情報」→「トラッキングコード」メニューに表示されるUA-からはじまるコードをコピーして入力する

❸「トラッキングコードタイプ」については、特に変更する必要はない

❹「管理画面ログイン中はアクセス数カウントを無効にする」にチェックをつけると、管理画面にログインしている人のアクセスを計測させないようにできる

Advice　アクセス解析の設定をしよう！

★ Google AnalyticsのトラッキングIDを入力するだけで、簡単にアクセス解析の設定ができる

広告の設定をする

手順1 Google AdsenseやASPのコードを貼りつける。

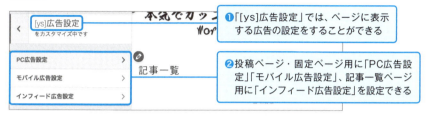

❶「[ys]広告設定」では、ページに表示する広告の設定をすることができる

❷投稿ページ・固定ページ用に「PC広告設定」「モバイル広告設定」、記事一覧ページ用に「インフィード広告設定」を設定できる

手順2 「PC広告設定」「モバイル広告設定」をする。パソコン、モバイルで別々に広告の設定ができる。

「PC広告設定」「モバイル広告設定」では、ページ上に用意された広告表示エリアごとに広告コードを設定できる。
Google Adsenseや各種アフィリエイトサービスから発行したコードを貼りつける。そのほか、自分でバナー画像をつくっておすすめページへ誘導するなど、広告以外のコードも設定できるので、アイデア次第でさまざまな使い方ができる

手順3 記事一覧ページの広告の設定をする。

「インフィード広告設定」では、記事一覧ページに、数記事おきに表示される広告の設定ができる。広告コードのほか、何記事おきに広告を表示するか、1ページに最大いくつまで広告を表示するかを設定できる

著者情報を編集する

テーマカスタマイザー以外の設定項目として、ログインユーザーのプロフィールの設定もyStandard用に追加されています。

手順1 管理画面の「ユーザー」→「あなたのプロフィール」からプロフィールの編集画面を開く。

「連絡先情報」の中に追加された各種SNSの欄にURLを入力すると、著者情報の部分にリンクが表示される

手順2 プロフィール画像を設定する。

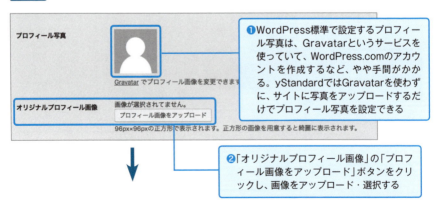

❶WordPress標準で設定するプロフィール写真は、Gravatarというサービスを使っていて、WordPress.comのアカウントを作成するなど、やや手間がかかる。yStandardではGravatarを使わずに、サイトに写真をアップロードするだけでプロフィール写真を設定できる

❷「オリジナルプロフィール画像」の「プロフィール画像をアップロード」ボタンをクリックし、画像をアップロード・選択する

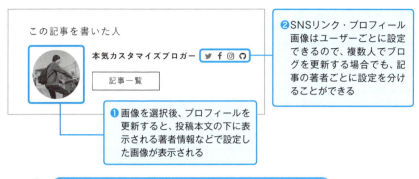

❷SNSリンク・プロフィール画像はユーザーごとに設定できるので、複数人でブログを更新する場合でも、記事の著者ごとに設定を分けることができる

❶画像を選択後、プロフィールを更新すると、投稿本文の下に表示される著者情報などで設定した画像が表示される

ブログ著者情報を表示してフォロワーを増やそう

★ 著者情報に表示するSNSアカウントのリンクやプロフィール画像を設定できる

9 スマートフォンでブログを表示したときの設定をする

　ブログをスマートフォンで見たときは、サイドバー部分が記事本文の下に表示されます。ページが縦に長くなってしまい、フッターまでたくさんスクロールする必要が出てきてしまうので、スマートフォンで見たときにサイドバーを非表示にすることができます。

　また、サイドバーに検索フォームを設置している場合は、サイドバーを非表示にするとサイト内検索ができなくなってしまうので、あわせてスライドメニューに検索フォームを表示する設定もしておきましょう。

●「[ys]デザイン設定」→「モバイルページ設定」から設定を変更する

❶「モバイル表示でサイドバーを非表示にする」をチェックしてスマートフォン表示でサイドバー部分を非表示にする

❷「スライドメニューに検索フォームを出力する（モバイル）」をチェックしてスライドメニュー内に検索フォームを表示する

⑩ 設定方法やアップデートでの変更点は テーマの公式情報をチェックする

　yStandardは日々更新が行われ、機能が強化され続けているテーマです。今後追加・削除される設定や本書では紹介しきれなかった設定については、公式サイトのマニュアルを参考にしてください。

　また、yStandard以外のテーマでも、頻繁に更新され機能が追加されるテーマは、設定などが変更されることがあります。使っているテーマがアップデートされた場合には、更新情報を確認するようにしましょう。

> **Advice** テーマの機能アップデートをチェックしよう
> ★ 頻繁に機能追加されるテーマでは、なるべく更新情報をチェックしておく

Chapter - 5

「yStandard」を使って
ブログをカッコよく
カスタマイズする

ブログの設定に慣れてきたら、ブログのカスタマイズにも挑戦してみましょう！　本書では「yStandard」を例に、カスタマイズの実例を紹介します。管理画面を使って簡単にできるものから、ちょっと難しいテーマのカスタマイズまで紹介していくので、少しずつチャレンジしてみてください。

22 実際にTOPページや詳細ページをカスタマイズしてみよう

Chapter-5では、Chapter-4で紹介した無料テーマ「yStandard」を使って、実際にカスタマイズを実践する例を紹介します。
カスタマイズの方法は、スクリーンショット上に書かれたページで詳しく見ていきます。

1 TOPページをカスタマイズしよう

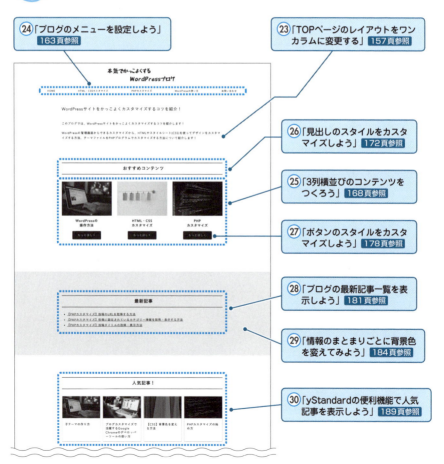

㉔「ブログのメニューを設定しよう」 163頁参照
㉓「TOPページのレイアウトをワンカラムに変更する」 157頁参照
㉖「見出しのスタイルをカスタマイズしよう」 172頁参照
㉕「3列横並びのコンテンツをつくろう」 168頁参照
㉗「ボタンのスタイルをカスタマイズしよう」 178頁参照
㉘「ブログの最新記事一覧を表示しよう」 181頁参照
㉙「情報のまとまりごとに背景色を変えてみよう」 184頁参照
㉚「yStandardの便利機能で人気記事を表示しよう」 189頁参照

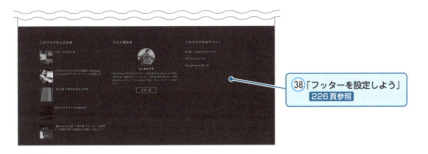

㊳「フッターを設定しよう」226頁参照

2 記事詳細ページをカスタマイズしよう

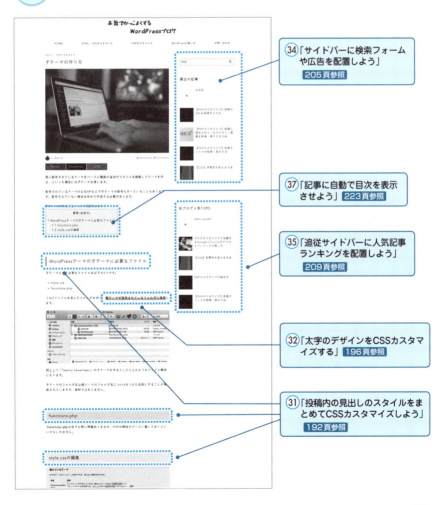

㉞「サイドバーに検索フォームや広告を配置しよう」205頁参照

㊲「記事に自動で目次を表示させよう」223頁参照

㉟「追従サイドバーに人気記事ランキングを配置しよう」209頁参照

㉜「太字のデザインをCSSカスタマイズする」196頁参照

㉛「投稿内の見出しのスタイルをまとめてCSSカスタマイズしよう」192頁参照

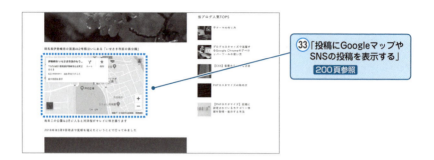

3 お問い合わせページをカスタマイズしよう

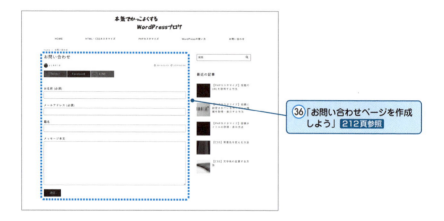

まずは簡単なカスタマイズから
はじめて、少しずつ難しいカスタマイズに
チャレンジしていきましょう！

TOPページのレイアウトを
ワンカラムに変更する

まずはTOPページのレイアウトを変更して、サイドバーのないワンカラムのレイアウトにしてみましょう。最新記事の一覧を表示するのではなく、ブログのアピールポイントをTOPページに書くことで、このブログはどんなブログなのかを伝えやすくなります！

Check!
- ☑ フロントページの設定をして、TOPページ用の設定を表示させる
- ☑ SNSシェアボタンなど、不要なものは非表示にする
- ☑ ヘッダーレイアウトも変更するとサイトの印象が変わる

1 ブログのTOPページをワンカラムにする

まずは、ブログのTOPページをサイドバーのないワンカラムで表示してみましょう。ワンカラムの表示は近年人気のレイアウトで、多くのサイトで見かけます。TOPページはブログの顔にもなるので、最近のトレンドを取り入れてカッコよくしあげましょう！

また、ブログではTOPページに最新記事の一覧が表示されることが多いですが、ブログの概要や特におすすめしたいコンテンツを書いておくことで、このブログはどんなブログなのかをTOPページで伝えやすくなります！

手順1 TOPページに設定する固定ページを作成し、フロントページの設定をする。

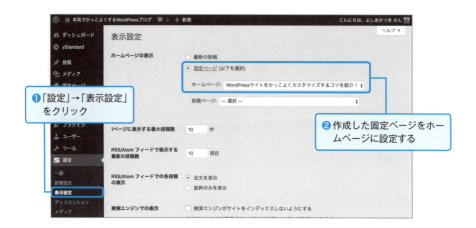

● フロントページ設定前のTOPページ

● フロントページ設定後の
TOPページ

手順2 yStandardのフロントページ設定からTOPページのレイアウトをワンカラムにする。

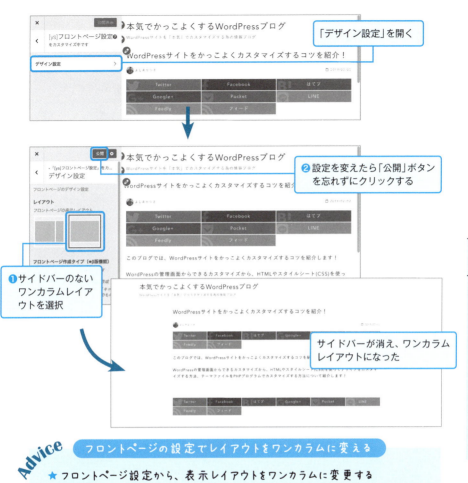

2 TOPページのSNSシェアボタンや著者情報を非表示にする

フロントページの設定をすると、TOPページは固定ページを表示しているのとほぼ同じ扱いになるため、SNSシェアボタンなどが表示されます。シェアボタンなどがTOPページで不要な場合、固定ページの編集画面から非表示にしておきましょう。

手順 フロントページに設定している固定ページの編集画面を開き、編集画面の下のほうにある「yStandard投稿オプション」を変更する。

シェアボタンや著者情報などが非表示になった

Advice　TOPページに不要なものは非表示にする

★ シェアボタンや著者情報などが不要であれば、投稿オプションで非表示にする

3　サイトロゴを設定する

　カッコいいサイトを目指すのであれば、ぜひサイトロゴを設定しましょう。カッコいいロゴが自分でつくれなくても、フォント（書体）を工夫して、ブログ名を書いた画像にするだけで印象が変わります。PowerPointなどでテキストを配置して画像に書き出すだけで、ロゴ画像のできあがりです。

　また、オンラインで画像やロゴをつくるサービスを活用するのもありです。ユーザー登録が必要ですが「canva」というツールを使うと、簡単にロゴ画像をつくることができます（URL：https://www.canva.com/）。

● 「canva」で利用できる日本語フォント

日本語フォントもたくさん用意されている

手順 Chapter-4の㉑を参考に、管理画面の「外観」→「カスタマイズ」から「サイト基本情報」の「ロゴ」を設定する。

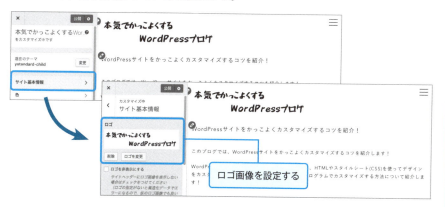

ロゴ画像を設定する

Advice ロゴ画像を設定するとサイトの印象がグッと変わる

★ ブログ名を文字で表示しておくだけではなく、フォントを工夫するだけで印象が違う

④ ヘッダーロゴ・ヘッダーメニューのレイアウトを調整する

　TOPページのレイアウトとあわせて、ヘッダーロゴ・ヘッダーメニューのレイアウトも変更してみましょう。ヘッダーのレイアウトはTOPページだけでなく、サイト内全体の設定になりますが、設定によってサイトの印象が変わるので調整してみましょう。

手順1 ヘッダーのレイアウトは、管理画面の「外観」→「カスタマイズ」から「[ys]デザイン設定」→「ヘッダー設定」から変更する。

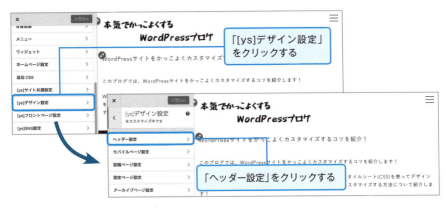

手順2 「ヘッダー設定」から「ヘッダータイプ」を選択する。

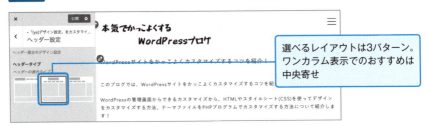

● ヘッダーのレイアウトを中央寄せにした例

Advice　yStandard以外のテーマの場合

★ yStandard以外のテーマの場合、まずは「設定」→「表示設定」でフロントページの設定をしてみて、「カスタマイズ」の設定の中にTOPページ用の設定が追加できるか確認してみる

★ TOPページの設定項目はフロントページの設定がされているときにだけ表示されるテーマも多いので、まずはフロントページ設定をしてみる

ブログのメニューを設定しよう

サイト内のページを見てもらうために、メニューを設定しましょう。固定ページへのリンク方法、カテゴリーやタグの一覧ページへのリンク方法を見ていきます。

Check!
- ☑ メニューに固定ページやカテゴリーのリンクを設定する
- ☑ 固定ページ名とメニュー名は別々になるように設定できる
- ☑ カテゴリー一覧ページへのリンクも設定できる

1 固定ページにメニューを設定する

ブログをつくったら、必ずメニューを作成しましょう。特に固定ページについては、メニューなどでリンクをつくらないとページへアクセスしにくくなってしまいます。

● メニューを設定する

> ブログのお問い合わせページや特に力を入れているカテゴリーなどのリンクをつくりましょう

Advice 　メニューは必ずつくる

★ ブログ内のおすすめカテゴリーや固定ページでつくったページへのリンクをメニューに設定する

メニューを作成して、固定ページを追加する

手順1 管理画面の「外観」→「メニュー」からメニューを作成する。

❶「外観」→「メニュー」をクリックする

❷メニュー名を入力して「メニューを作成」ボタンをクリックする

手順2 リンクに追加する固定ページを選択する。

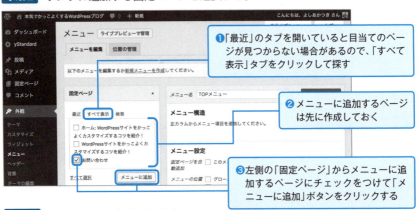

❶「最近」のタブを開いていると目当てのページが見つからない場合があるので、「すべて表示」タブをクリックして探す

❷メニューに追加するページは先に作成しておく

❸左側の「固定ページ」からメニューに追加するページにチェックをつけて「メニューに追加」ボタンをクリックする

手順3 メニュー上の名前を設定する。

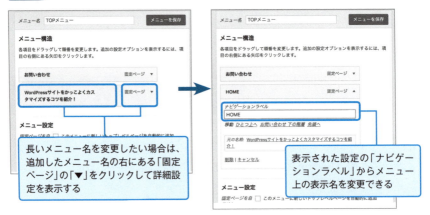

長いメニュー名を変更したい場合は、追加したメニュー名の右にある「固定ページ」の「▼」をクリックして詳細設定を表示する

表示された設定の「ナビゲーションラベル」からメニュー上の表示名を変更できる

手順4 メニューの並び替えをする。

並び替えたいメニュー項目をクリックしてカーソルが✥になった状態でドラッグすると、メニューの並び替えができる

手順5 メニューの表示位置を設定して完了。

❶「メニューの位置」からメニューを表示する位置にチェックをつける（サイトロゴと一緒に表示されるメニューは「グローバルナビゲーション」）

❷「メニューを保存」ボタンをクリックしてメニューの設定を保存する

ページにメニューが表示された

Advice　メニューを作成して固定ページを追加する

★ 「外観」→「メニュー」からメニューを設定
★ メニューに設定する固定ページは先に作成しておく
★ 固定ページが見つからない場合、「すべて表示」タブから探す
★ メニューの表示名を変更することもできる

カテゴリー一覧ページへのリンクを設定する

続いて、カテゴリー一覧ページへのリンクを設定してみましょう。ブログで特に力を入れて更新しているカテゴリーなどは、メニューに追加して多くの人に見てもらえるようにしてみましょう。

カテゴリー一覧ページへのリンクを作成する

手順1 メニュー編集画面左側の「カテゴリー」から、メニューに追加するカテゴリーを選択する。

❶「カテゴリー」をクリックして、一覧を表示させる

❷メニューに追加したいカテゴリーにチェックをつけて「メニューに追加」ボタンをクリックする

手順2 メニュー名の変更や並び替えをしてメニューを保存する。

❷「メニューを保存」ボタンをクリックして編集内容を保存する

❶ 必要に応じてメニュー名の編集や並び替えをする

Advice　yStandard以外のテーマの場合

★ yStandard以外のテーマの場合でもメニューの設定方法は同じだが、テーマによって「メニューの位置」で選択できる位置やメニューの数が違う
★ メニューの表示方法もまちまちなので、使っているテーマのメニューがどのように表示されるか試しに設定してみる
★ テーマの公式サイトなどで、メニュー設定のマニュアルがあるか探してみる

メニューの表示位置は、テーマによって違いがあります。テーマの公式サイトに、どの位置に表示されるか説明がない場合は、実際にメニューを設定してどこに表示されるか試してみましょう。

3列横並びのコンテンツをつくろう

TOPページをカッコよくカスタマイズするために、ブログの「おすすめコンテンツ」を横並びで表示してみましょう。Gutenbergの「カラム」ブロックを使うことで、簡単に見栄えのいい横並びの表示をつくることができます。

Check!
- ☑ 横並びの表示をつくるときは「カラム」ブロックを活用する
- ☑ カラムの中には、画像、段落、見出しなどをさらに配置できる
- ☑ 画像を配置するときは、縦横比がそろったものを使うと見栄えがよくなる

1 ブログに横並びのコンテンツをつくってみよう

● 「画像+見出し+ボタン」で「おすすめコンテンツ」のリンクを3列表示した例

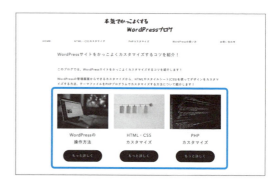

手順1 フロントページに設定している固定ページの編集画面を開き、「カラム」ブロックを追加して3列表示の枠をつくる。

ブロックの追加で「レイアウト要素」グループにある「カラム」ブロックを追加する

右側の設定から「カラム」の数を「3」にすると編集エリアのカラムブロックが3分割される

※「カラム」ブロック全体の選択が難しいときは左端にゆっくりカーソルをあわせると選択しやすい

手順2 カラム内に画像を配置する。

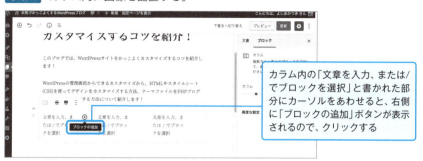

カラム内の「文章を入力、または/でブロックを選択」と書かれた部分にカーソルをあわせると、右側に「ブロックの追加」ボタンが表示されるので、クリックする

「一般ブロック」グループにある「画像」ブロックを追加する

画像を新規でアップロードするか、メディアライブラリからアップロード済み画像を選択する

画像が追加された

手順3 カラム内に、画像ブロック同様「ブロックの追加」ボタンから「見出し」ブロックを追加する。

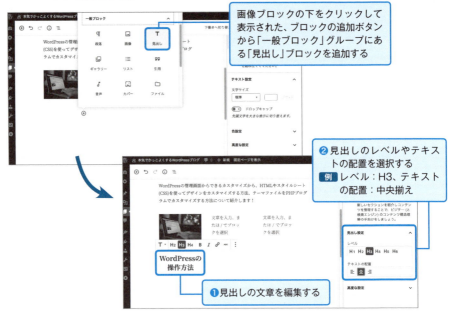

手順4 カラム内に、見出しブロック同様「ブロックの追加」ボタンから「ボタン」ブロックを追加する。

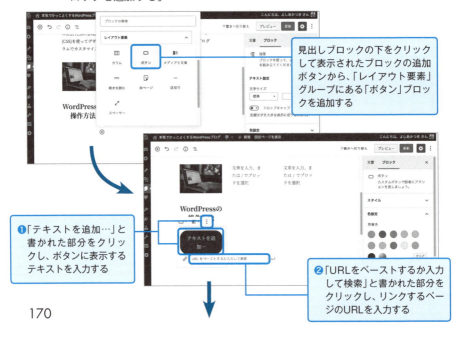

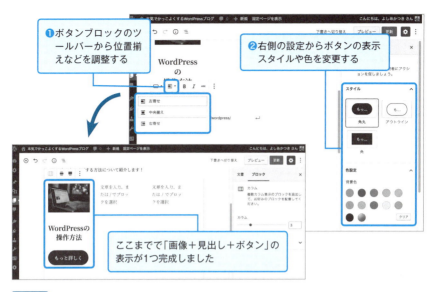

手順5 **手順2**〜**手順4** を繰り返し、3列分のブロックを追加する。

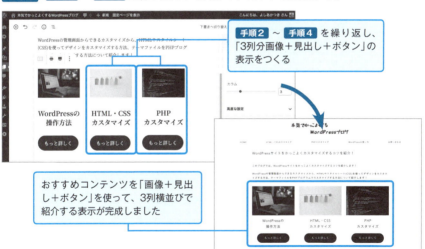

Advice　yStandard以外のテーマの場合

★ yStandard以外のほとんどのテーマで、カラムブロックを使って横並びの表示をつくることができる
★ ただしテーマによっては「カラム」ブロックが利用できずに、テーマ独自の横並びブロックが用意されている場合もある
★「カラム」ブロックが利用できない場合、代替えのブロックがあるか確認する

見出しのスタイルをカスタマイズしよう

TOPページのコンテンツが増えてきたので、少しレイアウトを整えましょう。まずは見出しのスタイルをスタイルシート（CSS）でカスタマイズする方法についてご紹介します。また、見出しカスタマイズ例もいくつか見ていきます。

- ☑ ブロックの「追加CSSクラス」とカスタマイザーの「追加CSS」を使ってCSSをカスタマイズ
- ☑ カスタマイザーの「追加CSS」では、プレビューしながらカスタマイズができる
- ☑ 見出しのスタイルは、「レベル」ではなくCSSで調整する

1 見出しのスタイルをスタイルシート（CSS）でカスタマイズする

　TOPページに横並びの表示を追加して、立派なTOPページができてきました。では引き続きスタイルシート（CSS：245頁参照）を編集して、自分でオリジナルのレイアウトを追加してみましょう。

手順1 ページに見出しを追加して「クラス」を設定する。

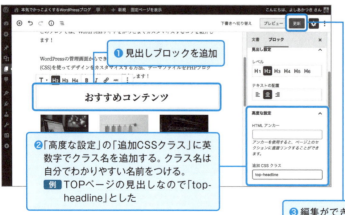

手順2 カスタマイザーの「追加CSS」からCSSを編集する。

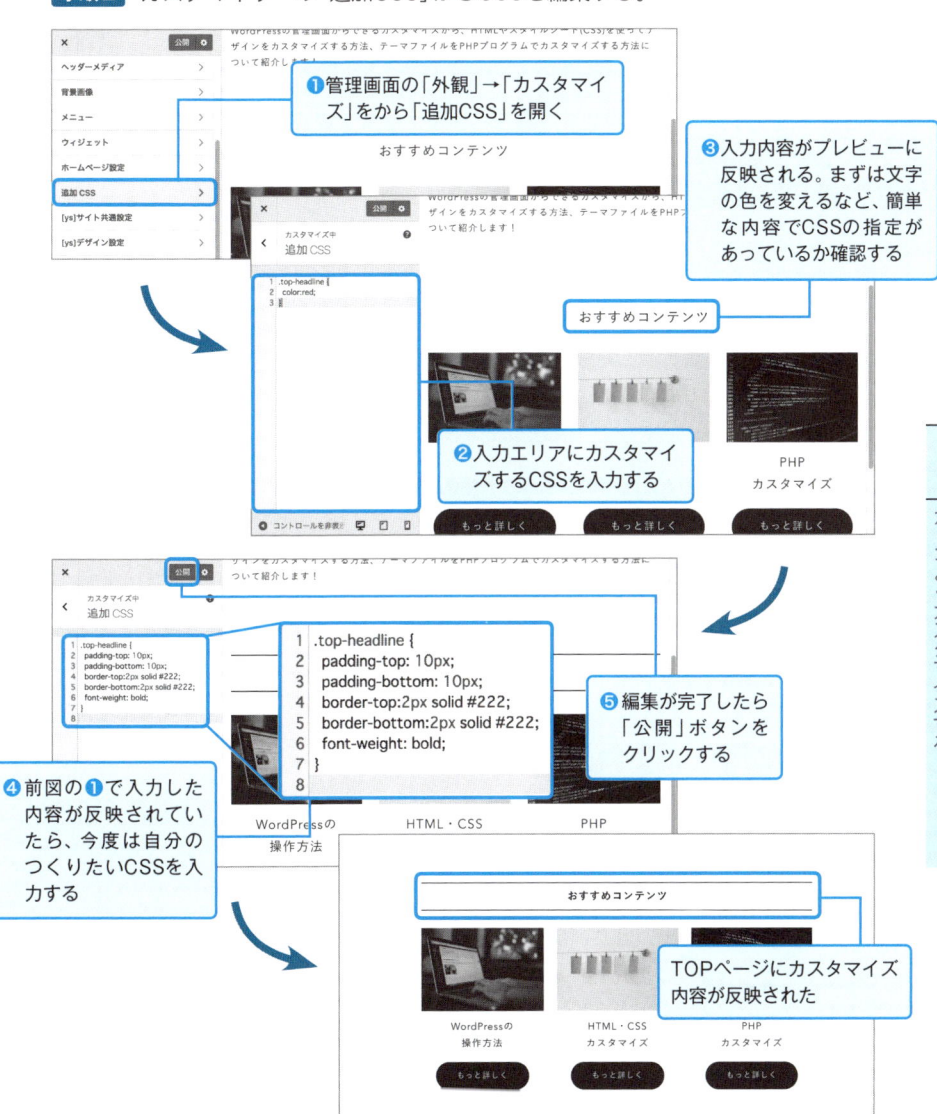

❶管理画面の「外観」→「カスタマイズ」をから「追加CSS」を開く

❷入力エリアにカスタマイズするCSSを入力する

❸入力内容がプレビューに反映される。まずは文字の色を変えるなど、簡単な内容でCSSの指定があっているか確認する

```
1  .top-headline {
2      padding-top: 10px;
3      padding-bottom: 10px;
4      border-top:2px solid #222;
5      border-bottom:2px solid #222;
6      font-weight: bold;
7  }
8
```

❹前図の❶で入力した内容が反映されていたら、今度は自分のつくりたいCSSを入力する

❺編集が完了したら「公開」ボタンをクリックする

TOPページにカスタマイズ内容が反映された

Advice 「追加CSSクラス」を設定してカスタマイザーでCSSをカスタマイズ

★ ブロックの「追加CSSクラス」でクラスを追加する
★ カスタマイザーの「追加CSS」でプレビューを確認しながら、CSSカスタマイズができる

「クラスの追加」と「追加CSSの編集」を繰り返してカスタマイズする

　見出しのカスタマイズ同様「追加CSSクラス」にクラスを追加して、カスタマイザーの「追加CSS」でカスタマイズを繰り返すことで「自分だけのブログ」をつくりあげましょう。

　また見出しはHTML構造として、H₂やH₃といった数字部分がページ内で階段状になっている必要があります。**「文字の大きさがちょうどいいのでH₄にしよう」といった、見た目を理由に見出しのレベルを選ぶことはせずに、文字サイズや太さなどはCSSを編集して調整しましょう。**

手順1　カラム内の見出しに「追加CSSクラス」でCSSクラスを追加する。

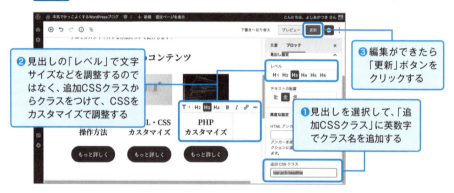

手順2　先ほどと同様に、カスタマイザーの「追加CSS」からCSSを編集する。

また、ここで紹介した方法だと、見出しブロックをつくるたびに追加CSSクラスを設定する必要があります。TOPページなど、それほど更新が多くないページではここで紹介した方法でもかまいませんが、ブログ投稿で毎回追加CSSクラスを設定するのは大変です。ページ内の見出しにまとめて同じCSSを適用させる方法は、「投稿内の見出しにまとめてCSSを反映させる」（192頁）を参照してください。

> **Advice** 　見出しのスタイル調整はCSSで！
>
> ★ 見出しブロックの「レベル」には意味がある
> ★ 「ちょうどいい見た目のレベル」ではなく、適切なレベルをつけてCSSでスタイルの調整をする

③ カスタマイズで使う「色」について

　CSSのカスタマイズで使う色は、あまり多くの種類を使わないようにします。あまり多くの色を使いすぎると、ごちゃごちゃした見た目になってしまうので、1、2色くらいにしておくことをおすすめします。また色を選ぶときは、次のような色の見本を掲載しているサイトを参考にすると便利です。

> **Advice** 　色見本のサイト
>
> ★ WEB色見本 原色大辞典 - HTMLカラーコード
>   （https://www.colordic.org/）
> ★ [HUE/360] The Color Scheme Application
>   （http://hue360.herokuapp.com/）
> ★ Color Hunt - Color Palettes for Designers and Artists
>   （https://colorhunt.co/）

④ 見出しスタイルのサンプル

　ここからはいくつか見出しのサンプルを見ていきます。サンプルコードは「.headline」で作成していますが、自分のブログに追加するときは任意のクラス名に変更してカスタマイズしてもかまいません。

例 ●下線つき見出し（実線）

見出しサンプル

```
.headline {
  padding-top: 0;
  padding-right: 0;
  padding-bottom: 10px;
  padding-left: 0;
  border-bottom: 1px solid #222;
  font-size: 1.4em;
  font-weight: bold;
  color: #222;
}
```

実線

例 ●下線つき見出し（破線）

見出しサンプル

```
.headline {
  padding-top: 0;
  padding-right: 0;
  padding-bottom: 10px;
  padding-left: 0;
  border-bottom: 1px dashed #222;
  font-size: 1.4em;
  font-weight: bold;
  color: #222;
}
```

「solid」を「dashed」に変更することで「破線」になる

例 ●左に線つき見出し

見出しサンプル

```
.headline {
  padding-top: 5px;
  padding-right: 0;
  padding-bottom: 5px;
  padding-left: 10px;
  border-left: 4px solid #222;
  font-size: 1.4em;
  font-weight: bold;
  color: #222;
}
```

- `padding-top: 5px;` `padding-bottom: 5px;` — 文字の上下に余白をつくり、文字よりも線の高さを少し高くする
- `padding-left: 10px;` — 左の線と文字の間に余白をつくる
- `border-left: 4px solid #222;` — 左の縦線の幅と色を指定する

例 ●左に線つき見出し（背景色あり）

見出しサンプル

```
.headline {
  padding-top: 10px;
  padding-right: 10px;
  padding-bottom: 10px;
  padding-left: 10px;
  background-color: #eee;
  border-left: 4px solid #222;
  font-size: 1.4em;
  font-weight: bold;
  color: #222;
}
```

- `background-color: #eee;` — 背景色は、どんな色にもあいやすい薄いグレーがおすすめ

ボタンのスタイルをカスタマイズしよう

ここでは、ボタンのCSSカスタマイズをしてみましょう。見出しカスタマイズでは「追加CSSクラス」を使いましたが、今回はボタンブロックでつくられるHTMLに対して、独自のCSSでカスタマイズしていきます。

Check!
- ☑ 「追加CSSクラス」ではなく、ブロックが作成するHTMLにCSSカスタマイズを追加する
- ☑ Google Chromeのデベロッパーツールを使って、カスタマイズのためのCSSセレクターを調べる

1 ボタンに反映されているCSSをGoogle Chromeのデベロッパーツールで確認する

　ボタンブロックでつくられるHTMLに対してCSSカスタマイズをするために、まずは「ボタンに反映されているCSS」を調べます。ページに表示されているHTMLに反映されているCSSは、Google Chromeのデベロッパーツールを使うことで簡単に調べることができます。

手順 CSSを調べたい部分にカーソルをあわせて右クリック→「検証」をクリックする。

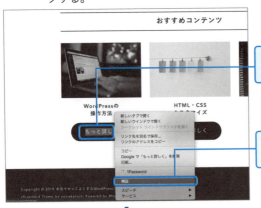

❶ CSSを調べたい部分にカーソルをあわせる

❷ 右クリック→「検証」をクリックする

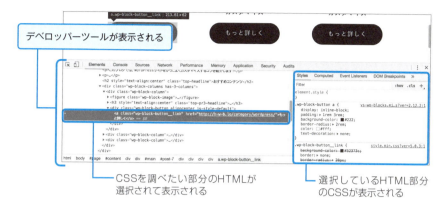

本書ではGoogle Chromeを例にしましたが、ほかのブラウザでも同様の機能が用意されています。普段使っているブラウザでツールを起動する方法は、ヘルプやネット検索をしてみてください。

> **Advice** デベロッパーツールでページのHTML・CSSを調べることができる
>
> ★ CSSカスタマイズの強い味方になるGoogle Chromeのデベロッパーツール
> ★ デベロッパーツールでページのHTML・CSSを調べることができる

2 ボタンブロックで追加したボタンをCSSでカスタマイズする

手順1 デベロッパーツールで、ボタン部分のCSSを指定するセレクターをコピーする。

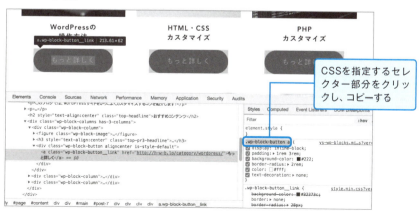

手順2 カスタマイザーに追加CSSを貼りつけ、カスタマイズする。

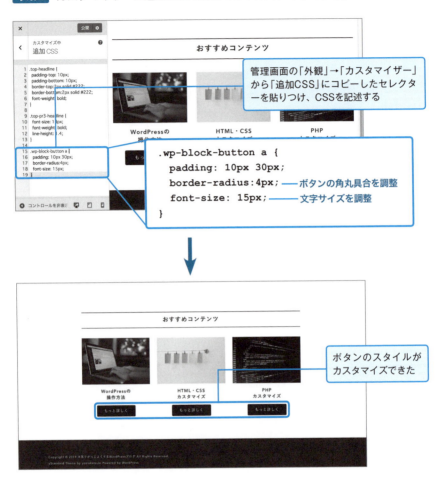

```
.wp-block-button a {
  padding: 10px 30px;
  border-radius:4px;   ── ボタンの角丸具合を調整
  font-size: 15px;     ── 文字サイズを調整
}
```

ボタンのスタイルがカスタマイズできた

Advice：Google Chromeのデベロッパーツールで追加するセレクター名を調べる

★ Google Chromeのデベロッパーツールを使って、カスタマイズのためのセレクター名を調べる
★ カスタマイザーの「追加CSS」でスタイルを調整する

ブログの最新記事一覧を表示しよう

ブログの最新記事をTOPページに表示する場合、記事を更新するたびにTOPページに更新した記事へのリンクを自分で設定するのは大変です。最新記事の一覧を自動で作成するブロックを使って、TOPページに表示しましょう。

Check!
- ☑ 「最新の記事」ブロックを使うと、最新の記事を自動で表示できる
- ☑ 「カテゴリー」の設定から、選択したカテゴリーがついた記事だけの一覧をつくることもできる

1 Gutenbergの機能を使ってブログの最新記事を自動で表示する

TOPページをフロントページで作成している場合、最新記事の情報は自分でページに追加する必要があります。とはいえ、記事を公開するたびにTOPページを修正するのは大変なことです。

Gutenbergでは最新のブログ記事を数件表示するブロックがあるので、このブロックを使ってTOPページにブログの更新情報を表示しましょう。

手順1 「最新の記事」ブロックを追加する。

「ウィジェット」グループに含まれる「最新の記事」ブロックを追加する

投稿の一覧が表示された

手順2 投稿の並び順を変更する。

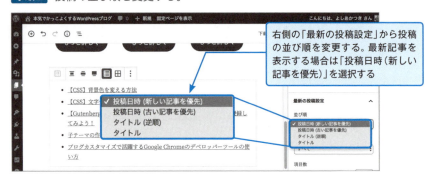

手順3 表示する投稿の数を変更する。

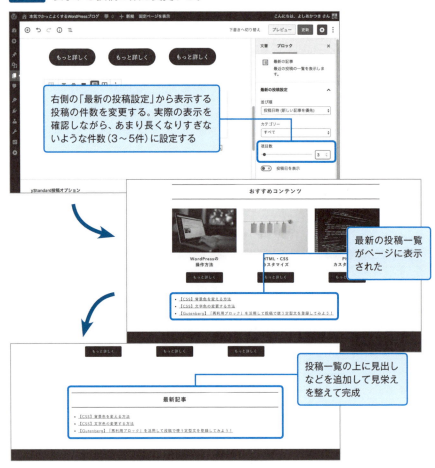

> **Advice** 「最新の記事」ブロックで更新情報を表示
> ★「最新の記事」ブロックを使うと、最新の記事を自動で表示できる
> ★記事の一覧が長くなりすぎないように件数を表示する

2 カテゴリーで絞り込んだ記事一覧を作成する

手順 「最新の記事」ブロックで、特定のカテゴリーがついた記事の一覧だけ表示する。

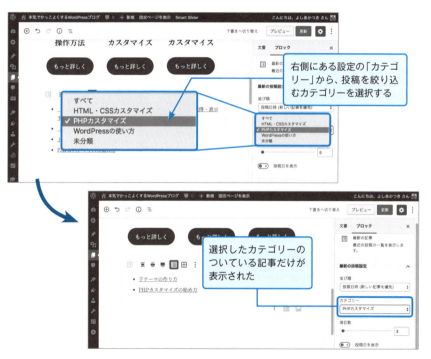

特に力を入れているカテゴリーの更新情報を表示したいときは、「カテゴリー」設定を変更して特定のカテゴリーの記事一覧を表示するようにします。

> **Advice** カテゴリーで記事の絞り込みもできる
> ★「カテゴリー」の設定から選択したカテゴリーがついた記事だけの一覧をつくることができる

情報のまとまりごとに背景色を変えてみよう

TOPページに表示する内容を細かく分けてみると、「ブログの概要」「おすすめコンテンツ」「記事一覧」といったまとまりがあります。見出しで各まとまりを区切るだけでなく、背景色を変えることでも印象を変えることができます。ブロックと「追加CSSクラス」を活用して、背景色を切り替えてみましょう。

- ☑ カラムブロックを活用して、段落やリストをブロックで囲う
- ☑ 囲ったブロックに背景色をつけることで、背景色区切りのコンテンツをつくれる
- ☑ 余白の調整に「スペーサー」ブロックが活躍する

① 情報のまとまりごとに背景色を変えて区切りを強調する

「ブログの概要」「おすすめコンテンツ」「記事一覧」といった情報のまとまりを、見出しで区切ってわかりやすくするだけでなく、背景色を変えて区切りを強調することでサイトの印象が変わってきます。背景色を変えて区切りを強調したコンテンツをカラムブロックと「追加CSSクラス」でつくってみます。

手順1 カラムブロックを追加して、ブロックの設定をする。

❶ ツールバーの「全幅」をクリックする
❷ カラム数を「1」にする。スライダーでは設定できないので直接数字を入力する
❸「追加CSSクラス」に自分でわかりやすい名前をつける 例 top-section

手順2 カラムの中のコンテンツを編集する。

手順3 カスタマイザーの「追加CSS」で背景色を設定する。

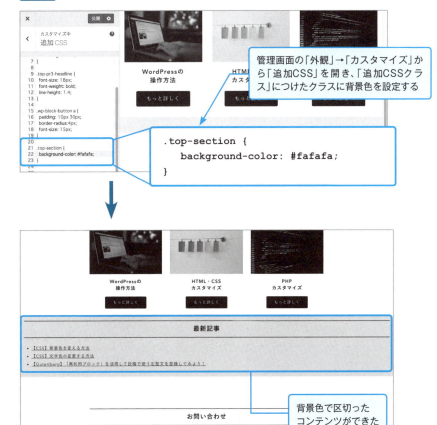

> **Advice** カラムブロックと「追加CSSクラス」で背景色ありのコンテンツをつくる
> ★ カラムブロックを活用して、段落やリストをブロックで囲う
> ★ 囲ったブロックに背景色をつけることで背景色区切りのコンテンツをつくれる

２ ほかのブロックと幅と位置をあわせたり、余白を調整したりする

　ここまでの例だと、背景色がついたエリアの文章などがページ幅一杯に広がってしまったり、背景色がついているエリアの上下に余裕がないので余白をつけましょう。

手順1 テキストの表示位置が中央にそろうようにCSSを追加する。

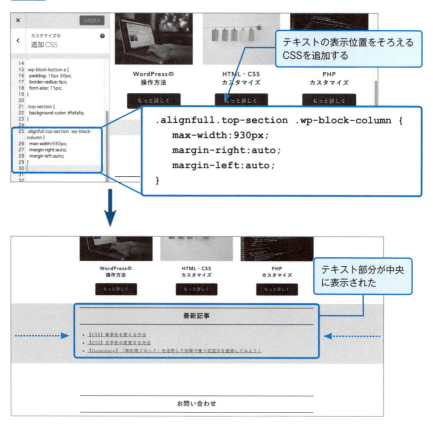

手順2-❶ 背景色がある部分の余白を調整する**[CSS編]**

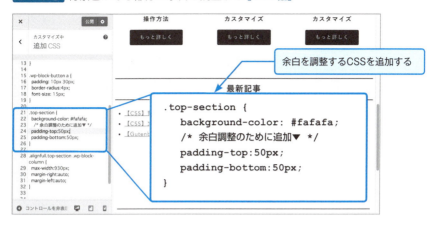

手順2-❷ 背景色がある部分の余白を調整する**[スペーサー編]**

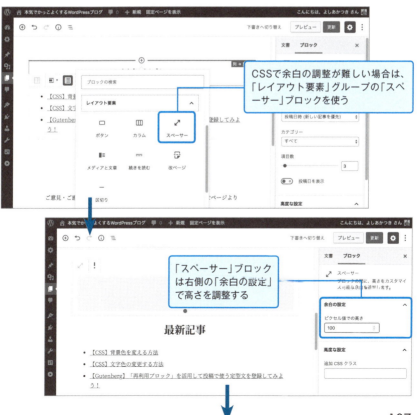

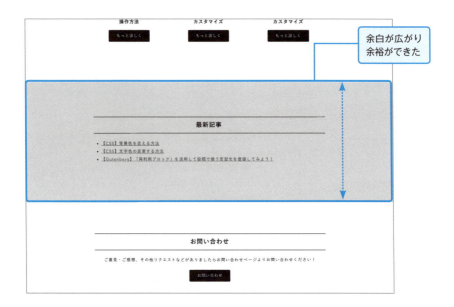

Advice　yStandard以外のテーマの場合

★ 利用するテーマやプラグインによっては、同様の見た目をつくれるブロックが提供されている場合もあるので、テーマ・プラグインで使えるブロックを確認してみる

「追加CSSクラス」をうまく活用して、より細かいカスタマイズにチャレンジしてみましょう！

yStandardの便利機能で人気記事を表示しよう

yStandardには、簡易ですが人気記事ランキングの作成機能がついています。この機能を使ってブログの人気記事を画像つきの投稿一覧として表示してみましょう。

Check!
- ☑ 人気記事ランキングをショートコードで表示する
- ☑ ショートコード「[ys_post_ranking]」をショートコードブロックに入力する
- ☑ ショートコードのパラメーターで表示方法を変えることができる

1 人気記事ランキングを「ショートコード」で表示する

手順1 「ショートコード」ブロックを追加する。

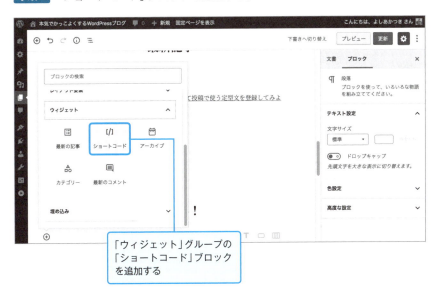

「ウィジェット」グループの「ショートコード」ブロックを追加する

手順2 人気記事ランキングのショートコード「[ys_post_ranking]」を入力する。

2 ショートコードのパラメーターを指定して表示方法を変える

「[ys_post_ranking]」をショートコードブロックに入力すると、人気記事のランキングが小さな画像つきで5件表示されます。このショートコードでは、パラメーター（設定値）を指定することで表示方法を変更することができます。本書の例では、少し大きな画像を使って横並びのランキングを4件表示してみます。

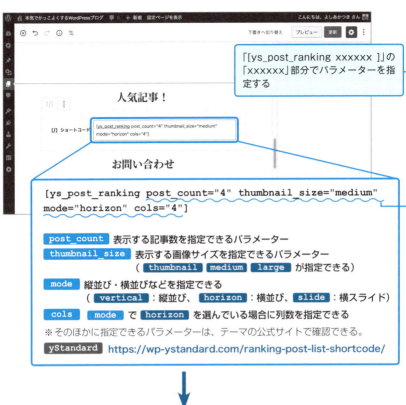

Advice ショートコードのパラメーターを指定して表示方法を変える

★ ショートコードでは、パラメーターを指定できる
★ どのようなパラメーターが指定できるかは、テーマのホームページなどマニュアルを確認する

31 投稿内の見出しのスタイルをまとめてCSSでカスタマイズしよう

TOPページの見出しは「追加CSSクラス」にクラスを設定して、見出しのスタイルをCSSでカスタマイズしました。ですが、日々記事を書く中で毎回CSSクラスを設定するのは大変です。そこで、投稿の中の見出しに一括でスタイルが適用されるように、CSSをカスタマイズしてみましょう。

- ☑ 投稿内の見出しにまとめて同じスタイルを反映したい場合、本文を囲うHTMLについているクラスを使ってCSSをカスタマイズする
- ☑ 投稿本文だけに追加したつもりでも、ほかのところに影響がないか確認する
- ☑ スタイルを打ち消し・上書きする場合、CSSの優先度に注意する

1 投稿内の見出しにまとめてCSSを反映させる

手順1 投稿本文を囲うHTMLのクラスを調べる。

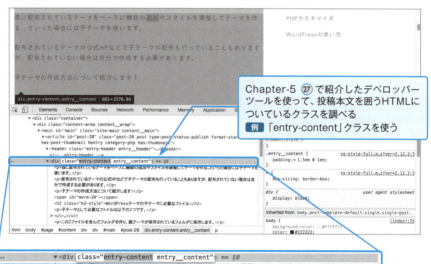

Chapter-5 27 で紹介したデベロッパーツールを使って、投稿本文を囲うHTMLについているクラスを調べる
例 「entry-content」クラスを使う

手順2 カスタマイザーの「追加CSS」を開き、見出し用のCSSを追加する。

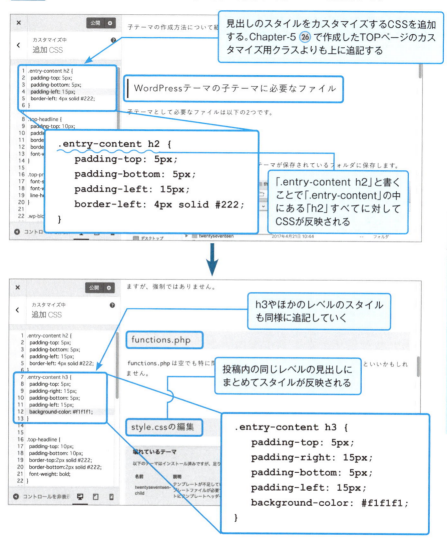

> 記事本文を囲うクラスを使ってまとめてCSSを反映させる

★ 投稿内の見出しにまとめて同じスタイルを反映したい場合、本文を囲うHTMLについているクラスを使ってCSSカスタマイズする

★ H₂、H₃など、見出しのレベルごとに違うスタイルをつけると、メリハリがつけられる

先に追加していた見出しのスタイルに影響がないか確認する

投稿内の見出しにまとめてCSSが反映されてひと安心と思わずに、思いもよらぬところに影響が出ていないか必ず確認しましょう。

今回の例では、Chapter-5の㉖でつくったTOPページの見出しスタイルに影響しています。

h2用のCSSで追加した左罫線がTOPページの見出しにも表示されてしまった

もし、このようなことが起きてしまったら、余分なスタイルを打ち消すスタイルを追加する

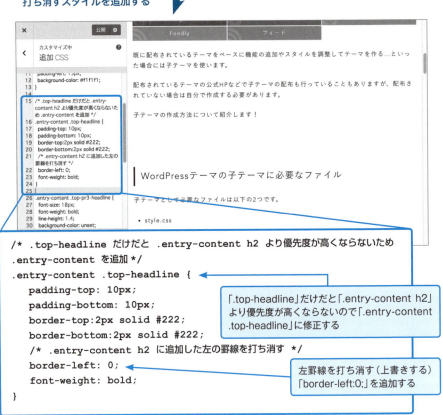

```
/* .top-headline だけだと .entry-content h2 より優先度が高くならないため
.entry-content を追加 */
.entry-content .top-headline {
    padding-top: 10px;
    padding-bottom: 10px;
    border-top:2px solid #222;
    border-bottom:2px solid #222;
    /* .entry-content h2 に追加した左の罫線を打ち消す */
    border-left: 0;
    font-weight: bold;
}
```

「.top-headline」だけだと「.entry-content h2」より優先度が高くならないので「.entry-content .top-headline」に修正する

左罫線を打ち消す（上書きする）「border-left:0;」を追加する

h3も影響しているので調整する

```
/* .top-headline だけだと .entry-content h3 より優先度が高くならないため
.entry-content を追加 */
.entry-content .top-pr3-headline {
    padding:0; /* .entry-content h3 に追加した padding を打ち消す */
    background-color: #fff; /* .entry-content h3 に追加した背景色を白で上書き
*/
    font-size: 18px;
    font-weight: bold;
    line-height: 1.4;
}
```

無事、もとの見出しのスタイルに戻った

スタイルの優先度

　できればスタイルの上書きが発生しないCSSのつくりにできればいいのですが、難しければ都合の悪いスタイルをうまく上書きしていきましょう。

　スタイルの上書きをする際のポイントになるのがCSSの優先度です。ここでは難しいことは考えずに、「**id > クラス > HTMLタグ**」の順に優先度が高いと覚えてください（「id」の優先度が高い）。

　上の例で出てきた「.entry-content h2」と「.entry-content .top-headline」では、「.entry-content」が同じで、「h2」と「.top-headline」を比べたときにクラス「.top-headline」のほうが高い優先度になります。

　「!important」（254頁参照）を使うと優先度をある程度無視して強制的にスタイルを反映できますが、使いすぎると「あとから追加したCSSが反映されない！」ということになりかねないので気をつけましょう。

Advice　ほかの見出しに影響したらスタイルを打ち消し・上書きする

★ 投稿本文だけに追加したつもりでも、ほかのところに影響がないか確認する
★ スタイルを打ち消し・上書きする場合、CSSの優先度に注意する
★ CSSの優先度はざっくり「id > クラス > HTMLタグ」の順と覚えておく
★ 優先度を強制的に上げる「!important」は極力使わない！

32 太字のデザインをCSSカスタマイズする

記事文章の中で強調したい部分は「B」ボタンを押すことで太字になるなど、見た目が変わります。多くの場合は太字になりますが、CSSでカスタマイズすることもできます。強調部分のデザインカスタマイズ例を見ていきます。

Check!
- ☑ 強調部分もCSSでカスタマイズできる
- ☑ 「B」ボタンを押して太字にした部分は、HTMLの「strong」で囲われる
- ☑ 強調部分は太字にしておこう

1 WordPressの編集画面で強調した部分は「strong」タグがつく

編集画面で強調したい文章を選択して ボタンをクリックすると、選択部分のテキストが強調されます。

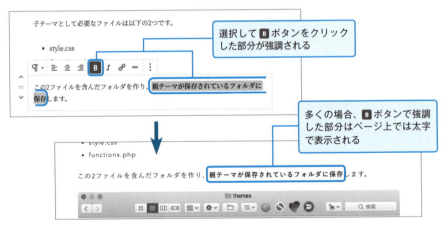

強調した部分は太字だけでなく、CSSでカスタマイズすることもできます。

 ボタンで強調した部分は、HTMLの「strong」タグで囲まれます。「strong」タグにスタイルの指定を追加して、ブログにあわせてカスタマイズする例を見ていきましょう。

2 強調部分のカスタマイズ ❶ 太字にする（基本形）

```
strong {
  font-weight: bold;
}
```

3 強調部分のカスタマイズ ❷ 文字色を変える

```
strong {
  color:#c53d43;  /* #c53d43 を変えると文字色が変更できる */
  font-weight: bold;
}
```

強調部分のカスタマイズ ❸　下線を引く

```
strong {
    /* ▼「2px」で線の太さを変更できる。「#222」で線の色を変更できる。*/
    border-bottom: 2px solid #222;
    font-weight: bold;
}
```

 強調部分のカスタマイズ ❹
蛍光ペンで線を引いたようにする

ブログで最近人気の蛍光ペン風のデザインです。

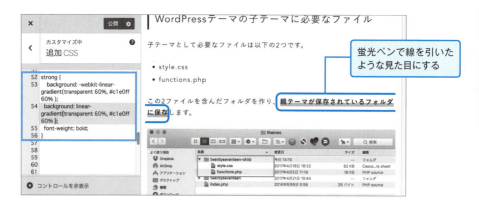

蛍光ペンで線を引いたような見た目にする

```
strong {
  background: -webkit-linear-gradient(transparent 60%,
  #c1e0ff 60% );
  background: linear-gradient(transparent 60%, #c1e0ff 60% );
  font-weight: bold;
}
```

「background: linear-gradient(…)」を追記して蛍光マーカー風のスタイルにする。ブラウザによっては「linear-gradient」だけだと反映されない場合があるので、ベンダープレフィックスというブラウザ独自の指定を追加したものもあわせて記述しておく（「-webkit-linear-gradient」部分）。

蛍光ペン風の記述は少し難しいですが、以下を参考にカスタマイズにトライしてみてください。

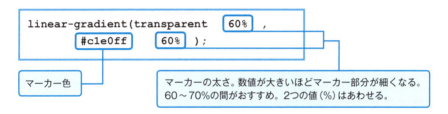

マーカー色はなるべく淡い色がおすすめです。次の色見本を参考に、ブログのテーマカラーにあった色を選んでみましょう。

- パステルカラー - Pastel Colors
  https://www.colordic.org/p/

33 投稿にGoogleマップやSNSの投稿を表示する

お店や会社、レジャー施設の地図を表示したいときは、Googleマップが便利です。Googleマップを記事に「埋め込む」方法と、そのほかSNSへの投稿を表示する方法について見ていきます。

Check!
- ☑ Googleマップを記事に「埋め込む」
- ☑ 埋め込み用のHTMLを発行する
- ☑ SNSの投稿は、埋め込み用のブロックが用意されている

1 Googleマップを記事に表示する方法

グルメ記事やレジャー記事など、記事内でどこかの場所を案内したい場合、Googleマップを使いましょう。

ブログの読者にとっても、ブログに表示されたGoogleマップをクリックすればスマートフォンのアプリでマップを開き、そのままナビを開始することができるので便利です。

手順1 ブログに掲載したい場所をGoogleマップで検索して、「共有」ボタンをクリックする。

❶Googleマップで表示したい場所を検索する

❷お店などの情報が表示されるか確認する
※もし検索できない場合は、Googleマップに登録されていない可能性があるので、住所で検索して、付近の地図を載せて、お店の外観や目印などを記事内で補足しておく

❸「共有」ボタンをクリックする

手順2 埋め込み用のHTMLをコピーする。

手順3 ブログのフォーマットから「カスタムHTML」ブロックを使って記事に追加する。

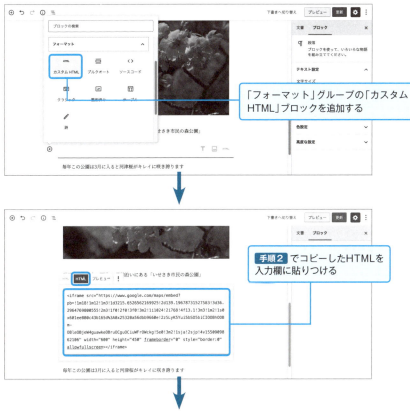

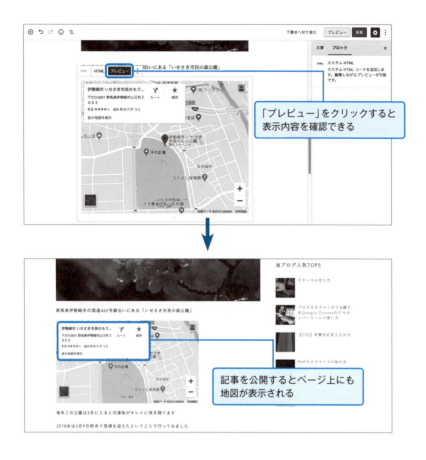

Advice Googleマップを記事に「埋め込む」

★ Googleマップを記事に表示する場合、埋め込み用のHTMLを取得する
★ 「カスタムHTML」ブロックを使って発行した埋め込みHTMLを入力する

② SNSの投稿をブログに埋め込む

　Googleマップでは埋め込み用のHTMLを取得しましたが、SNSの投稿を埋め込む場合は便利なブロックが用意されており、SNSの投稿URLを入力するだけで簡単に埋め込みができるようになっています。

手順1 SNSの埋め込みブロックを追加する。

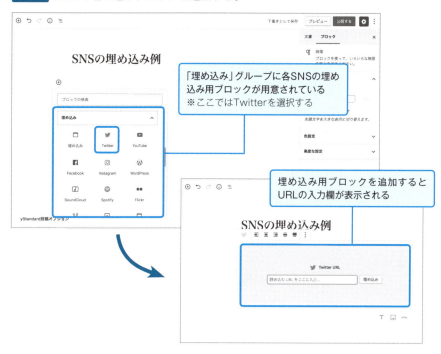

手順2 SNSの投稿URLをコピーする。

手順3 コピーしたURLを埋め込みブロックの入力欄に貼りつける。

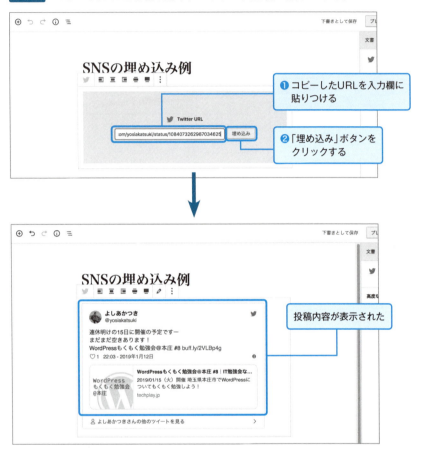

Advice　SNS用の埋め込みブロックを使う

★SNSの投稿を埋め込む場合、「埋め込み」グループの各SNS用ブロックを使う

34 サイドバーに検索フォームや広告を配置しよう

投稿や固定ページなどでサイドバーを表示する場合は、サイドバーの中身を編集します。サイドバーは「ウィジェット」というブログパーツのようなものをドラッグ＆ドロップで設定していきます。ウィジェットの編集方法とおすすめのウィジェット配置を見ていきます。

Check!
- ☑ 「ウィジェット」と呼ばれるブログパーツのようなものを使い、検索フォームや広告などをブログに追加する
- ☑ ウィジェットは表示したい場所にドラッグ＆ドロップして配置する
- ☑ テーマによって使えるウィジェットの種類や配置場所が違う

1 サイドバーを編集する

TOPページはサイドバーのないワンカラムにしましたが、投稿や固定ページではサイドバーを表示するようにしました。WordPressをインストールした状態で、サイドバーに「最新の投稿」「カテゴリー」といったものが表示されますが、自分の好みの内容にカスタマイズしましょう。

手順1 管理画面の「ウィジェット」編集画面を開く。

❶ 管理画面の「外観」→「ウィジェット」を開く

❷ サイドバーに項目を追加する場合は「サイドバー」の中にウィジェットを配置する

手順2 サイドバーに表示するウィジェットを追加する。

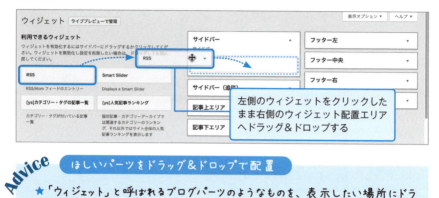

Advice　ほしいパーツをドラッグ＆ドロップで配置

★「ウィジェット」と呼ばれるブログパーツのようなものを、表示したい場所にドラッグ＆ドロップして配置する

② サイドバーに設置しておきたいウィジェット

　サイドバーにはブログの運営スタイルにあわせていろいろなウィジェットを配置できますが、最初のうちに配置しておきたいウィジェットを見ていきます。

❶ 検索フォーム

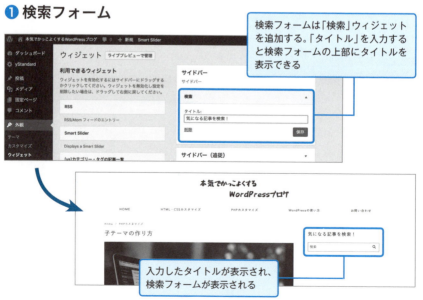

❷ 広告を表示する

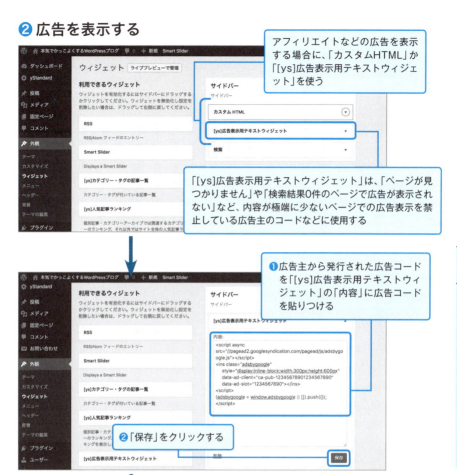

❸ 最新の記事一覧

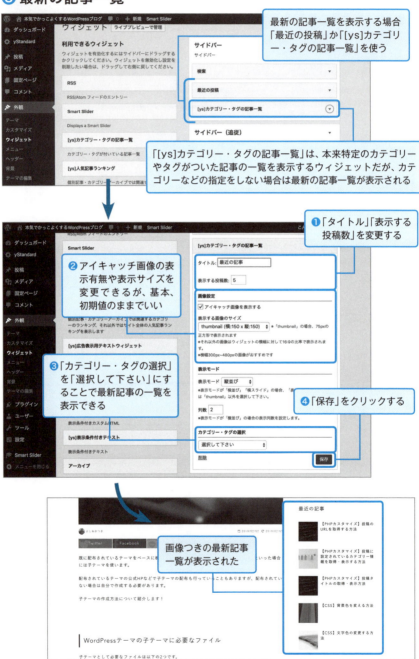

追従サイドバーに人気記事ランキングを配置しよう

yStandardには「追従サイドバー」という機能があります。追従サイドバーは、サイドバーの長さよりも本文が長いときスクロールにあわせて画面上に表示され続けるので、読者の目に止まりやすくなります。

Check!

- ☑「追従サイドバー」は画面をスクロールしてもずっと表示され続けるので、読者の目に止まりやすくなる
- ☑ 追従される部分の表示領域は画面の高さにかぎられるので、表示内容は厳選する
- ☑「[ys]人気記事ランキング」ウィジェットで、ブログによくアクセスのある記事の一覧を表示できる

1 スクロールにあわせて画面に表示され続ける「追従サイドバー」に人気記事ランキングを表示させる

手順1 追従サイドバーに人気記事ランキングウィジェットを追加する。

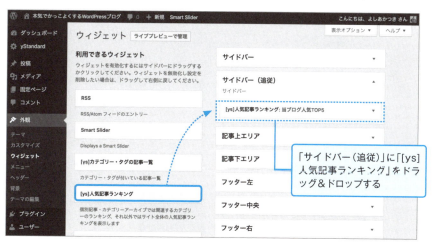

「サイドバー（追従）」に「[ys]人気記事ランキング」をドラッグ＆ドロップする

手順2 ウィジェットの設定をする。

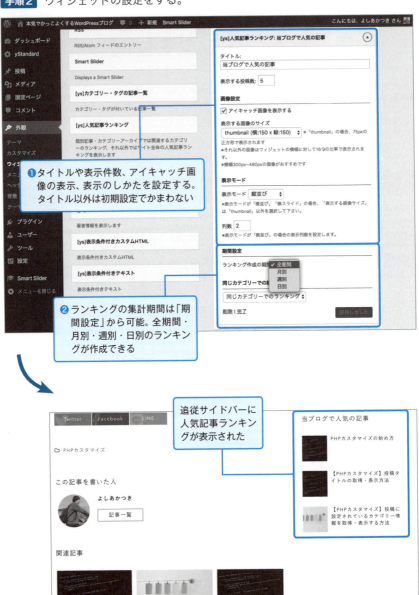

❶タイトルや表示件数、アイキャッチ画像の表示、表示のしかたを設定する。タイトル以外は初期設定でかまわない

❷ランキングの集計期間は「期間設定」から可能。全期間・月別・週別・日別のランキングが作成できる

追従サイドバーに人気記事ランキングが表示された

すべての記事から人気ランキングを作成したい場合

初期値ではより関連性のある記事を表示させるため、表示中の記事と同じカテゴリーの記事が表示される。すべての記事から人気ランキングを作成したい場合、「同じカテゴリーでの絞り込み」を「全記事ランキング」にする

Advice 「サイドバー(追従)」にウィジェットを追加する

★ スクロールしても表示される内容は、「サイドバー(追従)」にウィジェットを追加する

★ ウィジェットを多く追加しても、画面の中に収まりきらない可能性があるのでほどほどにする

★ 「[ys]人気記事ランキング」ウィジェットで、ブログによくアクセスのある記事の一覧を表示できる

追従サイドバー部分にたくさんのウィジェットを配置しすぎると、画面に収まりきらなくなってしまいます。表示を確認しながら、ほどよいボリュームの表示になるように調整しましょう。

36 お問い合わせページを作成しよう

ブログの運営者と読者、取材やレビューの依頼をしたい企業の担当者などをつなぐ重要な役割をする「お問い合わせフォーム」をつくりましょう。Chapter-3のおすすめプラグインで紹介した「Contact Form 7」を使ってお問い合わせページをつくってみます。

Check!
- ☑ ブログ訪問者から連絡をもらうための入り口として、お問い合わせページは必ず作成する
- ☑ お問い合わせフォームをつくったら、入力内容が受け取れるか必ずテストする
- ☑ お問い合わせフォームに追加できる項目にはそれぞれ特徴があるので、適した項目を追加する

1 「Contact Form 7」でお問い合わせフォームをつくる

手順1 「Contact Form 7」のインストールと有効化をする。

管理画面の「プラグイン」→「新規追加」ページから「Contact Form 7」をインストール・有効化する

手順2 お問い合わせフォームを編集する。

手順3 お問い合わせフォームのタイトルを入力する。

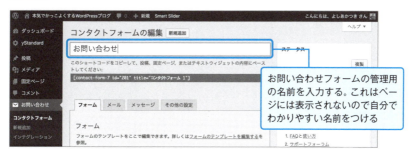

手順4 フォームの項目を編集する。

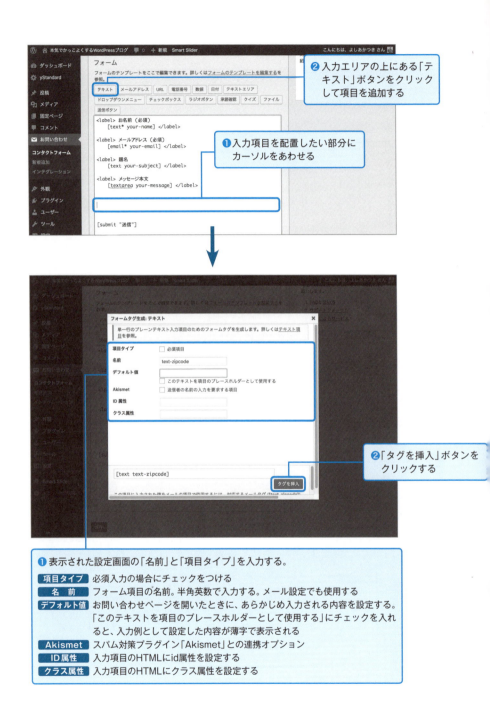

手順5 フォームの入力内容を受け取るためのメール設定をする。

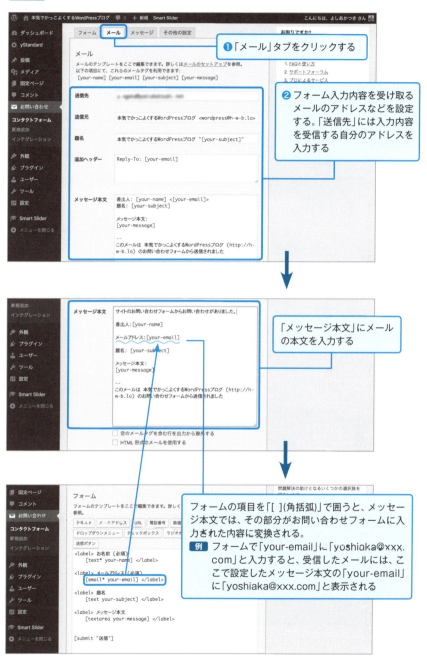

手順6 作成したお問い合わせフォームをページに表示する。

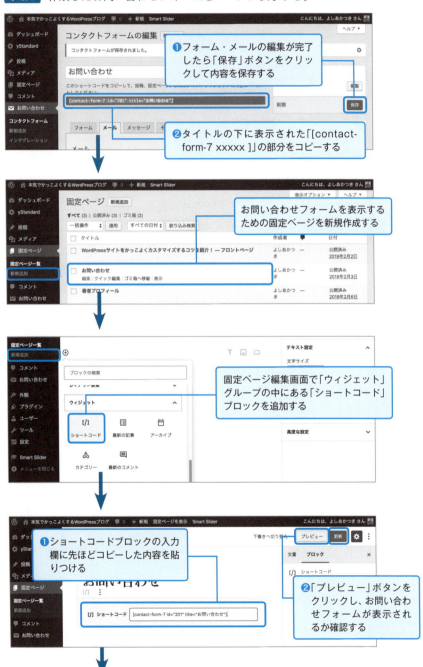

手順7 お問い合わせフォームが完成したら入力テストをする。

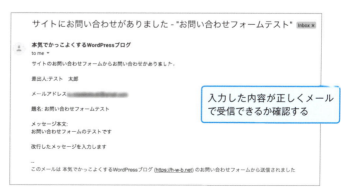

手順8 お問い合わせページをメニューに追加して、お問い合わせページへの入り口をつくる。

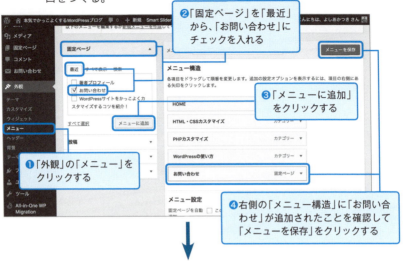

> **Advice** お問い合わせフォームをつくったら必ずテストをする
>
> ★ お問い合わせフォームをつくったら、入力内容が受け取れるか必ずテストする

2 代表的なフォームの項目を見ておこう

❶ テキスト

1行だけ入力できる項目が表示される

❷ メールアドレス

見た目は「テキスト」と一緒だが、「送信」ボタンを押したときに入力内容がメールアドレスとして正しいかチェックされる

❸ URL

見た目は「テキスト」と一緒だが、「送信」ボタンを押したときに入力内容がURLとして正しいかチェックされる

❹ テキストエリア

複数行入力できる項目が表示される

❺ ドロップダウン

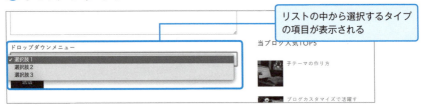

リストの中から選択するタイプの項目が表示される

❻ チェックボックス

選択項目にチェックをつけるタイプの項目が表示される。複数選択可

❼ ラジオボタン

見た目はチェックボックスに似ているが、選択肢の中から1つだけ選択可能な項目が表示される

> **Advice**
> 追加できる項目を組みあわせて、お問い合わせフォームをつくる
> ★ 追加できる項目にはそれぞれ特徴があるので、適した項目を追加する

③ シェアボタンなどが不要な場合は非表示にしよう

　お問い合わせページをシェアしてもらうことはそれほど多くないと思うので、シェアボタンを非表示にしてしまいましょう。
　yStandardでは「yStandard投稿オプション」設定でシェアボタンを非表示にできます。

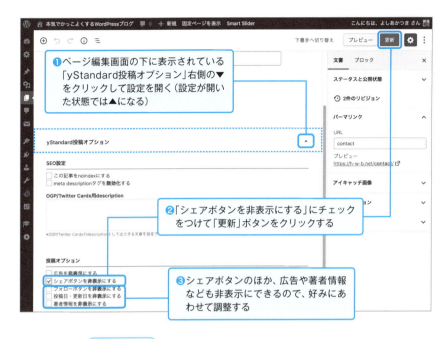

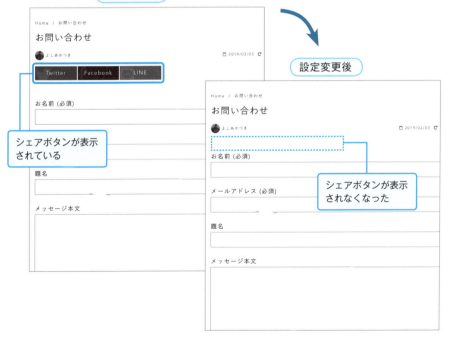

お問い合わせページ以外でも、シェアボタンや広告などを非表示に設定できます。何かに申し込みをしてもらうページなどでは、申し込み内容の入力に集中してもらうために、広告などは非表示に設定しておきましょう。

Advice　余計な情報を隠してページに集中してもらう

- ★ yStandardでは、ページごとにシェアボタンや広告の表示・非表示を設定できる
- ★ 申し込みページなど、ページ訪問者に何かしらのアクションをしてもらいたいページでは、広告などを隠して集中してもらえるように工夫する

お問い合わせフォームをつくったら、実際にメールが届くか必ずチェックしましょう！また、きちんとお問い合わせの返信ができるようにメールアドレス欄が必須になっているかもあわせて確認しておくとGoodです！Contact Form 7を使う場合は、管理者宛メールの取りこぼし防止のためにChapter-3で紹介したプラグイン「Flamingo」もあわせてインストールしておくことをおすすめします。

記事に自動で目次を表示させよう

記事のはじめのほうに目次が書かれていると、どういうことが書かれているか大まかに知ることができて便利です。記事内の見出しに書かれている部分を、自動で目次として表示させることができるプラグイン「Table of Contents Plus」の使い方を見ていきます。

Check!
- ☑「Table of Contents Plus」で記事内の見出しを目次として作成できる
- ☑ プラグインを入れる前の記事にも自動で目次を作成できる

1 記事内の見出しを目次として表示するプラグイン「Table of Contents Plus」の設定方法

手順1 「Table of Contents Plus」をインストール・有効化する。

管理画面の「プラグイン」→「新規追加」ページから「Table of Contents Plus」をインストール・有効化する

手順2 「Table of Contents Plus」の設定をする。

管理画面の「設定」→「TOC+」を開く

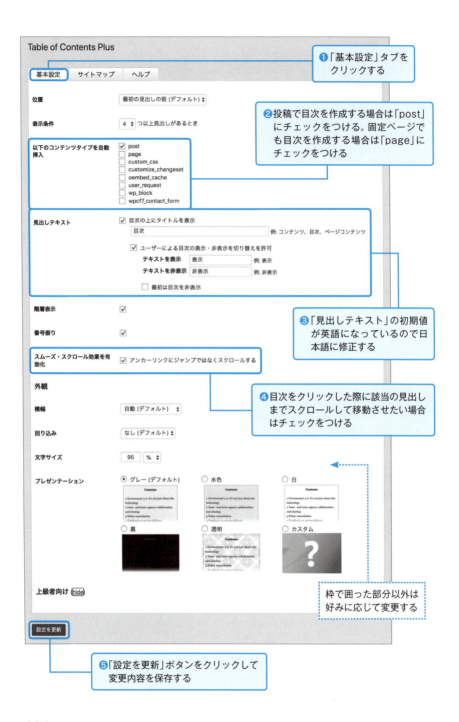

手順3 表示を確認する。

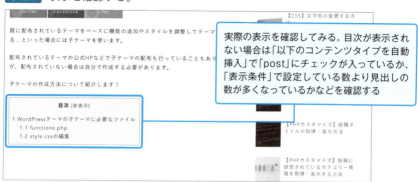

実際の表示を確認してみる。目次が表示されない場合は「以下のコンテンツタイプを自動挿入」で「post」にチェックが入っているか、「表示条件」で設定している数より見出しの数が多くなっているかなどを確認する

Advice　自動で目次を作成する

★「Table of Contents Plus」で、記事内の見出しを目次として作成できる
★ プラグインを入れる前の記事にも自動で目次を作成できる
★ 目次が表示されない場合は、「以下のコンテンツタイプを自動挿入」や「表示設定」より見出し数が少なくないか確認する

ページの最初のほうに見出しを表示しておくと、読者が知りたい内容が書かれている部分まで一気にジャンプすることができます！

フッターを設定しよう

ページの1番下に表示されるフッターはなかなか見てもらいにくい場所ですが、もっとブログを知ってもらうために、ここに有益な情報を表示するようにしておきます。yStandardでは、フッターをウィジェットで編集することができます。

Check!
- ☑ フッターは「ウィジェット」で編集できる
- ☑ フッターにブログの人気記事や運営者情報を表示して、もっとブログを知ってもらう
- ☑ 定期的に内容を見直し、表示する項目を調整してみる

1 フッターの編集方法とおすすめのウィジェット

●フッターの編集場所

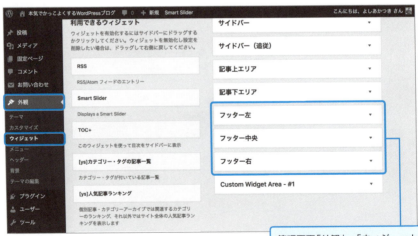

管理画面「外観」→「ウィジェット」の「フッター左」「フッター中央」「フッター右」から編集できる

人気記事ランキング フッターおすすめウィジェット ❶

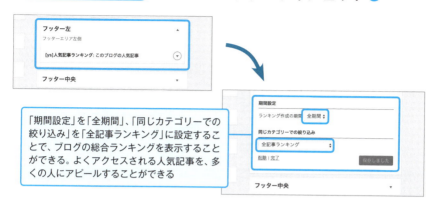

「期間設定」を「全期間」、「同じカテゴリーでの絞り込み」を「全記事ランキング」に設定することで、ブログの総合ランキングを表示することができる。よくアクセスされる人気記事を、多くの人にアピールすることができる

運営者情報 フッターおすすめウィジェット ❷

「特定のユーザーの表示」からブログ運営者アカウントを選択することで、ブログの運営者プロフィールを表示することができる

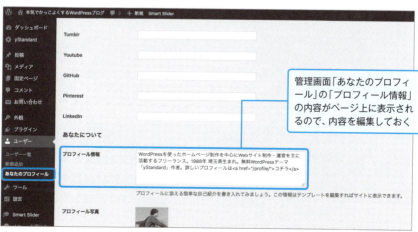

管理画面「あなたのプロフィール」の「プロフィール情報」の内容がページ上に表示されるので、内容を編集しておく

カテゴリー フッターおすすめウィジェット❸

「カテゴリー」ウィジェットを使って、ブログ内のカテゴリーの一覧を表示してみる。もし、カテゴリーが多くて表示が長くなってしまう場合は、「テキスト」ウィジェットを使ってカテゴリーを厳選して表示してみよう

カテゴリーの種類が多い場合は、「テキスト」ウィジェットなどで厳選したカテゴリーのリストを自分で入力する

Advice ウィジェットでフッターをカスタマイズする

★ フッターは「ウィジェット」で編集できる
★ 定期的に内容を見直し、表示する項目を調整してみる

Chapter - 6

デザインや独自の プログラムを追加して 自分のブログをカスタマイズする

投稿の作成やWordPressの操作に慣れてきたら、さらにステップアップして、より「自分らしいブログ」をつくるために、テーマのカスタマイズにチャレンジしてみましょう。WordPressブログのカスタマイズの大まかな流れや、デザインのカスタマイズに必要なHTML・CSSといった技術的内容について見ていきます。

WordPressのテーマの
カスタマイズに役立つ
便利ツールなどは
「特典PDF」をご覧ください。

WordPressブログのカスタマイズ の流れ

ブログの運営に慣れてきたら、次にやりたくなるのがブログのカスタマイズです。ブログを自分の好みの色に変えたり、本文の下にオリジナルのプロフィールやおすすめ記事へのリンクを挿入したり、WordPressはあなたの要望に応えてくれます。まずはWordPressブログのカスタマイズはどのようにやるのか、大まかな流れを見ていきます。

Check!
- ☑ WordPressブログのカスタマイズ といえば「テーマ」のカスタマイズ
- ☑ テーマのカスタマイズは「メモ帳」でもはじめられる
- ☑ 本気でカスタマイズをしたいなら子テーマを使う

① WordPressブログは「テーマ」をカスタマイズする

WordPressブログをカスタマイズするということは、「テーマ」をいじるということです。この「テーマ」に表示する内容を追加したり（HTML）、文字の色や大きさなどを調整したり（CSS：スタイルシート）、自動で関連記事を表示させる（PHPというプログラミング言語）といったことをしていきます（HTML、CSS、PHPについては後ほどお話します）。

② WordPressのテーマはどうやってカスタマイズする？

「テーマ」はPHPファイルやCSSファイルなどを組みあわせてつくられていて、テーマ内の各ファイルを編集してブログのカスタマイズをしていきます。.phpや.cssといった見慣れないファイルがたくさんありますが、実は中には文字が書いてあるだけの単純なファイルです。編集には専用のソフトなどは必要ありません。「メモ帳」などのソフトでもカスタマイズすることが可能です。

ただ、本気でカスタマイズをするのであれば「メモ帳」のような簡易ソフト

ではなく、「エディター」と呼ばれる高機能なソフトを使うことをおすすめします。WordPressテーマのカスタマイズに役立つ便利ツールなどは「特典PDF」で紹介しています。

③ WordPressテーマのカスタマイズの大まかな流れ

WordPressテーマのカスタマイズの大まかな流れ
★ カスタマイズしたい内容が書かれたファイルを見つける
★ 追加したい内容をHTML・PHPでファイルに追記する
★ 追加した部分の見た目の装飾をCSSファイルに追記する
★ 編集したファイルをサーバーにアップロードする

「WordPressテーマのカスタマイズ」と聞くと、難しそうなイメージを持つかもしれませんが、やることはたったこれだけです。「たったこれだけ」といっても、「HTML」「CSS」「PHP」がわからないとカスタマイズを進めるのは難しいのですが、本書ではWordPressテーマのカスタマイズに必要なHTML、CSS、PHPについてもお話ししていくので、本書を片手に少しずつカスタマイズができるようにレベルアップしていきましょう！

また、WordPressのテーマは管理画面からも編集できますが、管理画面からの編集はおすすめしません。管理画面からの編集をおすすめしない理由については232頁で紹介します。

④ 本気でWordPressテーマをカスタマイズするなら「子テーマ」を使おう

WordPressテーマには「親テーマ」と「子テーマ」という考え方があります。自分がカスタマイズした内容が、テーマの更新で消えてしまうのを防ぐためにも子テーマを使うことをおすすめします（子テーマの詳細については「特典PDF」を参照）。

WordPressのテーマは
パソコン上でカスタマイズする

WordPressブログのカスタマイズは「テーマ」を編集していきますが、テーマの編集は管理画面からではなくパソコン上で編集します。なぜ管理画面から編集しないほうがいいのか、その理由を見ていきましょう。

- ☑ 管理画面からカスタマイズをして失敗すると、ブログが見えなくなる場合がある
- ☑ 管理画面からは、複数のファイルを同時に編集できない
- ☑ いつでも中断できるように、パソコン上でカスタマイズする

1 カスタマイズの失敗はよくある！
⇒ 管理画面からのカスタマイズはリスクがある

　カスタマイズ初心者のうちは、テーマの編集に失敗することがよくあります。実は、カスタマイズを失敗するとブログが真っ白になり、何も見えなくなるおそれがあります。カスタマイズに失敗しても、追記した内容を消して前の状態に戻せばいいのですが、カスタマイズした内容によっては**管理画面にすらログインすることができなくなることもある**ので注意が必要です。

　特に、ネット上の記事を参考に自分のブログをカスタマイズする場合、いろいろと失敗ポイントが隠れています。

> **例**
> - 「A」というテーマでしか動かないカスタマイズ内容なのに、違うテーマを使っている自分のブログに追加したらブログが真っ白になった
> - カスタマイズしている途中で関係ない部分を間違って消してしまい、ブログが真っ白になった
> - そもそも参考にした記事のカスタマイズ内容が間違っていた

　管理画面からテーマを編集することは手軽にカスタマイズができる一方で、失敗したときにブログが見えなくなるリスクがあります。パソコン上で

テーマをカスタマイズし、問題なく動くことを確認してからサーバー上のテーマを更新するようにしましょう。

テーマカスタマイズのミスを防ぐしくみは完璧ではない

WordPress 4.9から管理画面からテーマの編集に関する機能が強化されました。具体的には下の2つのような機能があり、テーマカスタマイズのミスを防いでくれます。ただし、これらの機能も完璧ではないことを覚えておいてください。

● 管理画面からテーマを編集しようとした際に、注意文を表示する機能

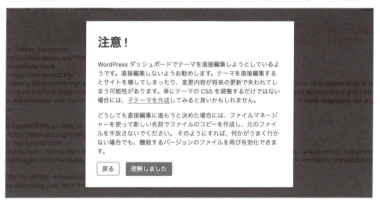

● テーマの編集をしたときに、間違いがあると変更を無効にする機能

次頁の図は、管理画面からわざと「エラーが出るようなテーマの編集」をして、ブログを表示できなくしたものです。わかりやすくエラーを表示させていますが、実際は真っ白で何もないページが表示されます。

● カスタマイズのミスを防ぐ機能があっても、失敗すると真っ白になる

[エラー画面の画像]

このように、カスタマイズのミスを防ぐ機能があっても、やろうと思えばブログを壊すことができてしまいます。

 管理画面からだと、複数のファイルが同時に編集できない

カスタマイズの内容によっては、「A」「B」という2つのファイルを編集する必要があるかもしれません。WordPressの管理画面からでは、2つのファイルを同時に編集することはできないので、「A」「B」それぞれ順番に編集することになります。このとき、「A」→「B」の順番に編集する必要があるのに、間違って「B」→「A」の順番で編集してしまうとブログが真っ白になってしまう場合もあります。

 カスタマイズを中断できるようにパソコン上でカスタマイズする

ブログのカスタマイズをしていて、どうしても上手くいかない・納得いく状態にならないけれど、**時間がなくて中断しないといけないとき、管理画面からカスタマイズしている場合は中途半端な状態で中断することになります。**もしくは、これまでがんばってカスタマイズした内容をいったんもとに戻して、再開するときにまた同じカスタマイズをしていく必要があります。

パソコン上でテーマのカスタマイズをしていれば、たとえテーマのカスタマイズが中途半端な状態でも、サーバーにアップロードしないかぎりブログに反映されることはありません。

5　CSSのカスタマイズはカスタマイザーの「追加CSS」を使う

　ブログを壊さず安全にカスタマイズをしたいのであれば、管理画面ではなくパソコン上でカスタマイズすることをおすすめします。ただし、CSSを少し追加・修正するだけのような簡単なカスタマイズであれば、テーマカスタマイザーの「追加CSS」を使ってみましょう。

● 少しのCSSカスタマイズなら、テーマカスタマイザーの「追加CSS」を使う

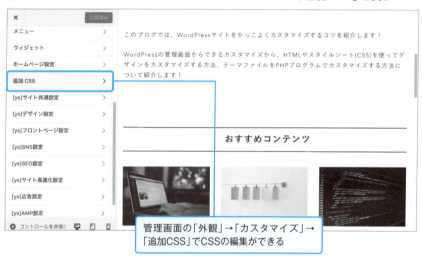

管理画面の「外観」→「カスタマイズ」→「追加CSS」でCSSの編集ができる

　「追加CSS」でもカスタマイズを失敗すると表示が崩れるおそれがあるので、心配であれば編集前に入力されている内容をメモ帳などにコピーしておき、失敗してももとに戻せるようにしておきましょう。

カスタマイズをするときは、失敗しても戻せるようにバックアップをつくっておきましょう。

41 WordPressのテーマは どのようにつくられている？

カスタマイズしたい部分をどうやって見つければいいのか……、スムーズにカスタマイズをはじめられるように、まずはWordPressのテーマがどのようなつくりになっているのか見ておきます。

Check!
- ☑ WordPressのテーマは、複数のファイルでできている
- ☑ 「ページの内容を記述する.phpファイル」「装飾を記述する.cssファイル」などがテーマに含まれている
- ☑ テーマ内のPHPファイルには役割がある

1 WordPressのテーマは複数のファイルでできている

　WordPressのテーマはPHPファイル、CSSファイルなどの複数のファイルを1つのフォルダの中に入れて成り立っています。
　下図のように、「テーマA」というテーマは、「ファイル1.php」や「ファイル2.css」といったファイルを組みあわせてできています。**テーマのカスタマイズは、テーマの中にある各ファイルに、表示の追加や文字の色、背景色といった装飾の変更を追加・修正していきます。**

● WordPressのテーマは、複数のファイルを1つのフォルダの中に入れてできている

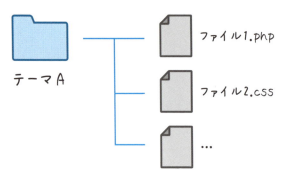

② ページに表示される部分はPHPファイルを編集する

ページに表示される文章などは、PHPファイルを編集してカスタマイズしていきます。「.phpファイル」は「PHP」というプログラム言語を書くファイルですが、ページに表示される部分は「HTML」、プログラム部分は「PHP」と2つの要素が盛り込まれます。

● 「.php」ファイルの中身

```
<div class="sns-share">
    <h2>この記事が気に入ったらシェア！</h2>
    <div class="sns-share-btn">
       <?php
        stw_link='https//twitter.com/share?~~';
       ?>

    <a href="<?php echo esc_url_raw( stw_link ); ?>">
       Tweet
    </a>
    …
    …
    …
    </div>
</div>
```

> 表示に関する部分はHTML

> プログラム部分はPHP

「HTML」の書き方については後ほど239頁で詳しく見ていくので、今の段階では**「表示に関する部分はHTMLとPHPというものを使ってカスタマイズする」**とだけ覚えておいてください。

Advice　ブログに表示される内容は、PHPファイルを編集する

★ ページに表示される部分はPHP(.php)ファイルを編集する
★ PHPファイルにはHTMLとPHPの両方を書いてカスタマイズする

装飾はCSSファイルを編集する

　ページ上の文字の色や背景色といった装飾部分は、CSS(スタイルシート)を編集してカスタマイズしていきます。WordPressのテーマ内の「style.css」ファイルやそのほかの「.css」ファイルに、装飾に関する内容を書いていきます。「CSS」の書き方についても後ほど245頁で詳しく見ていきます。

● 「.css」ファイルの中身

```
.sns-share {
    morgin: 2em 0;
    padding: 1em;
    border: 1px solid #eee;
}

.sns-share-btn {
    display: block;
    width: 50%;
}
…
…
…
```

装飾に関する部分はCSS

ページに表示する文章や画像は、「.phpファイル」を編集する。デザインをカスタマイズするCSSは、「.cssファイル」を編集すると覚えておきましょう!

デザインカスタマイズ基礎 – HTML

ブログのデザインをカスタマイズするためには、まずHTMLとCSSについての知識が必要になります。まずはページの骨組みとなる「HTML」について見ていきます。

- ☑ ブログカスタマイズには、HTMLを知ることが重要
- ☑ HTMLは「〈 〉」で囲われたHTMLタグを使って書く
- ☑ HTMLは文章の構造を表すもの。装飾はCSSを使う

1 Webページの文章を構造化するHTML

普段、何気なく見ているWebページのほとんどは、HTML（Hyper Text Markup Language：ハイパーテキスト・マークアップ・ランゲージ）というWebページの文章を構造化するための言語を使って表示されています。

WebページのHTMLを見てみる

ブラウザに表示しているWebページのHTMLを見てみましょう。

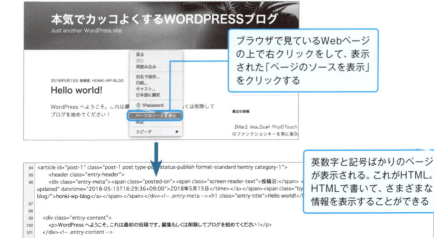

ブラウザで見ているWebページの上で右クリックをして、表示された「ページのソースを表示」をクリックする

英数字と記号ばかりのページが表示される。これがHTML。HTMLで書いて、さまざまな情報を表示することができる

HTMLは文書の構造、装飾はCSSを使う

HTMLは「これは見出し」「これは段落」といったように、文書を構造化するためのものです。Webページのヘッダーやフッターの色を変える、右サイドバーを表示するといった装飾やレイアウトに関することはCSS(Cascading Style Sheets：カスケーディング・スタイル・シート) 通称、スタイルシートという言語を使います。

> **Advice** HTMLは、Webページの基礎基本
> ★ ブログカスタマイズには、HTMLを知ることが重要
> ★ HTMLは文章の構造を表すもの。装飾はCSSに任せる

② HTMLの書き方

HTML文書は、HTMLタグを使って、文書に「ここは見出し」「ここは段落」といった印をつけていきます。

HTMLタグの書き方

HTMLタグは「<>」で囲われたもので、次の例のように書きます。

> **例**
> <h1>これは見出しのタグです。</h1>
> <p>これは段落のタグです</p>

HTMLタグには多くの場合「開始タグ」と「終了タグ」があります。**開始タグは「<h1>」のように「<>」の中に英数字を書いたもので、終了タグは「</h1>」のように、対応する開始タグの英数字に「/」をつけたもの**です。開始タグ〜終了タグまでのひとまとまりを「要素」と呼びます。

> **例**
> <h1>これは見出しのタグです。</h1>
> 開始タグ　　　　　　　　　　　終了タグ
> 　　　　　　　　要素

中には終了タグを持たない「
」や「<img>」タグもありますが、ほとんどの場合は開始タグ〜終了タグが1セットになっていると覚えてくださ

い。最初のうちは、終了タグの「/」を書き忘れることが多いので気をつけてください。

また、**HTMLタグは小文字（h1）・大文字（H1）どちらでも書くことができますが、小文字を使うことがほとんど**です。

HTMLのタグに指定する「属性」

また、HTMLタグには「属性」を指定しなくてはいけないものもあります。

たとえば、ほかのページなどにリンクさせるための「a」タグで、「href」という属性に移動先のページURLを指定することで、どこにリンクしているかを表すことができます。

> **例**
>
> `<a href="url">リンクです</a>`
> 　　　属性　　属性値

ページには表示されない「コメント」

また、HTMLでは「<>」の中に英文字を書きますが、次のような特殊なタグが存在します。

> **例**
>
> `<!-- ここは「コメント」として扱われます -->`
> 　コメントのはじまり　　　　　　　　　　　　コメントの終わり

「<!--」から「-->」で囲われた部分はページに表示されず、「ページのソースを表示」からHTMLを確認しないと見ることができません。

このような機能を「コメント」と呼び、**コメントを使うことでHTMLの中にメモを残すことができます**。コメントはページを見ている人には見えませんが、HTMLソースを確認すると誰でもコメントの内容を見ることができるので、多くの人に見えては困る内容は書かないようにしましょう。

> **Advice　HTMLのルールを覚えよう！**
>
> ★ HTMLは、「<>」で囲われたHTMLタグを使って書く
> ★ 多くの場合開始タグと終了タグを1セットになっている
> ★ 属性を指定する必要があるタグもある

3 HTMLは適切な意味で使用する

　HTMLタグにはそれぞれ意味があります。たとえば「h1」タグは「見出し」を意味し、「p」タグは段落を意味しています。適切なタグを使ってHTML文書を作成することによって、ページを見る人やプログラムに文書の意味を適切に伝えることができます。

　Webページを見ている人には「どのタグを使っているか」というのは目に見えてきませんが、Googleなどの検索エンジンには、表示順位を決めるために日々情報収集をしている「クローラー」と呼ばれるものが存在します。このクローラーが文書の構造を理解するために、HTMLタグが重要な役割をしています。**適切にHTMLタグを使うことでクローラーにもページの内容が適切に伝わり、検索エンジン最適化（SEO）対策につながります。**
「<h1>タグを使うと文字が大きくなる」といった、文字を装飾するような目的ではHTMLタグは使いません。 文字の装飾などは後述するCSSを使いましょう。

　HTMLタグは意味のある使い方をする
　★ HTMLタグには意味がある
　★ 適切なHTMLタグを使ってページをつくることによって、SEO対策にもつながる

4 HTMLタグ一例

　ブログカスタマイズで使用することが多い、HTMLタグの一例を紹介します。

見出しタグ

　見出しタグは<h1><h2><h3><h4><h5><h6>まで、6種類あります。数字が小さいほど大きな見出しになり、数字が大きいほど下層の見出しになります。

例
<h1> 見出し </h1>
<h3> 見出し </h3>

段落タグ

段落タグは<p>を使います。

> **例**
> <p> 段落 </p>

画像タグ

画像タグは<img>を使います。「src」属性に表示したい画像のURLを指定します。あわせて、画像が読み込めなかった際に、代わりに表示するテキスト（代替テキスト）を「alt」属性に指定します。

> **例**
> `<img src=" 画像 url" alt=" 代替テキスト " />`
> 　　　　　表示したい画像　　　画像が表示されなかった
> 　　　　　　のURL　　　　　　ときの代替テキスト

リンクタグ

リンクタグは<a>を使います。「href」属性にリンク先URLを指定します。リンク先を新しいタブで開く場合は「target」属性に「_blank」を指定します。

> **例**
> `<a href="url" target="_blank" >リンク </a>`
> 　　　　リンク先のURL　　　新しいタブで開く

リストタグ

リストタグは<ul><ol>と<li>を使います。<ul><ol>タグはリスト全体を囲み、<li>タグはリストの項目1つひとつを囲みます。<ul>は番号なしリスト、<ol>は番号つきリストの作成に使われます。

> **例**
> ```
> <ul>
>   <li> 項目 </li>
>   <li> 項目 </li>
>   <li> 項目 </li>
> </ul>
> ```
> 表示すると……　→
> - リスト1
> - リスト2
> - リスト3

243

例
```
<ol>
    <li> 項目 </li>
    <li> 項目 </li>
    <li> 項目 </li>
</ol>
```
表示すると……

1. リスト1
2. リスト2
3. リスト3

表タグ

表タグは＜table＞＜tbody＞＜tr＞＜th＞＜td＞を使います。＜table＞で表全体、＜tbody＞で表の中身を囲います。行を＜tr＞で囲み、＜tr＞の中に＜th＞もしくは＜td＞でセル（表のマス目）を囲んでいきます。＜th＞はセルが見出しを表す場合に使用します。セルに単なるデータ（値）が入る場合は＜td＞を使います。

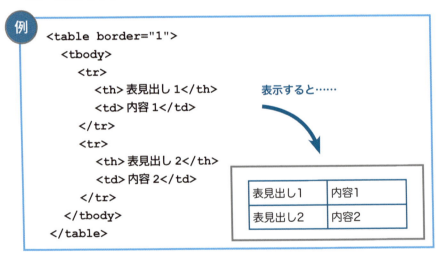

要素をグループ化するタグ

要素をグループ化するタグは＜div＞＜span＞を使います。HTML文書を作るうえで特に意味を持ちませんが、グループとしてまとめておきたい場合などに使います。＜div＞と＜span＞については表示上大きな違いがあり、＜div＞で囲われた部分の前後に改行が入りますが、＜span＞については改行が入りません。＜div＞＜span＞とも要素に対してCSSでの装飾とあわせて使われることが多いため、CSSの説明の中で使い方の例もあわせてお話しします（259頁参照）。

43 デザインカスタマイズ基礎 – CSS

ブログのデザインをカスタマイズする際、文字のサイズを変更する、背景色をつける、枠線をつけるといったカスタマイズをするためには、CSS（スタイルシート）の知識が必要になります。ブログの見た目をカスタマイズするために必要なCSSについて見ていきます。

Check!
- ☑ ブログのレイアウトやデザインは、CSSをカスタマイズする
- ☑ CSSは「セレクタ」「プロパティ」「値」を使って書く
- ☑ HTMLとCSSの対応は、「id」や「class」などを定義する

1 Webページの見た目を整えるCSS

　CSSとは、HTMLで作成した要素を装飾するためのものです。「Cascating Style Sheets」（カスーケーディングスタイルシート）の頭文字をとって「CSS」と呼ばれています。「シーエスエス」や「スタイルシート」と呼ばれることがあります。

2 CSSがないとどうなるか

　普段見ているWebページのほとんどは、HTMLとCSSを使ってつくられています。もし、CSSがなくなってHTMLだけで表示したらどのような見た目になるのでしょっか？

　右図の上がCSSあり、下がCSSなしの表示です。CSSがない場合、左側に記事本文・右側にサイドバーといったレイアウトもできません。

CSSは、HTMLを装飾してWeb

● CSSを使った表示（上）とCSSを使っていない表示（下）

ページの見た目を整える役割をします。

> **Advice** CSSで見た目をカスタマイズする
> ★ CSSでHTML要素を装飾する
> ★ webページの見た目は、CSSを使ってカスタマイズする

③ CSSの書き方

CSSは「セレクタ」「プロパティ」「値」を使って、「どのHTML要素の何の見た目をどれくらいにするか」を指定します。CSSの書き方のルールは次のようになります。

「セレクタ」は「HTML要素」、「プロパティ」は「何の見た目」、「値」は「どれくらいの量」 と対応していると考えてください。

例

```
セレクタ { プロパティ : 値 ; }
```
具体的に書くとこうなる
```
p { font-size : 16px ; }
```
「p要素」の「文字サイズ (font-size)」を「16px」にする

このようなCSSの命令をいくつも書いて、HTMLの要素にレイアウト（スタイル）を指定することで、キレイな見た目のページがつくられています。ブログのカスタマイズの例であれば、目立つボタンのデザインをつくる場合も、こういったスタイルを書き足してカスタマイズしていきます。

1つのセレクタに複数のスタイルを指定する

CSSは1つのセレクタに対して、複数のスタイルの指定をすることもできます。

たとえば、「p要素の背景を黒色にして、文字色を白にする」という2つのスタイルを指定することができます。

例
```
p { background-color:black; color: white; }
```
「背景色(background-color)」と「文字色(color)」という2つのスタイルを1つの要素(p)に指定できる

　このように、まとめてスタイルを指定する場合、複数のプロパティを1つの {} にまとめて書きます。またプロパティの前に改行を入れて、複数行にして書くことも可能です。各プロパティと値の対応が見やすいので、次のような形でCSSを書くことが多いです。

例
```
p {
    background-color: black;
    color: white;
}
```
「プロパティ」と「値」の対応が見やすいので、このような形でCSSを書くことが多い

複数のセレクタに同じスタイルを指定する

　複数のセレクタに対して、同じスタイルをまとめて指定することもできます。たとえば「**h1とh2の文字の大きさを16pxにする**」という指定であれば、次のようになります。

例
```
h1, h2 {
    font-size: 16px;
}
```
セレクタをカンマ(,)で区切ることによって、複数のセレクタに対して同じスタイルを指定することができる

CSSのコメントの書き方

　CSSにも、メモなどをコメントとして書き込んでおくことができます。コメントの書き方は次のようになります。

例
```
/* ここはコメントになります */
```
「/*」から「*/」までがコメントにある（複数行でもコメントとして扱われる）

　CSSのコメントについては誰でも見ることができるので、他人に見られては困るような情報は書き込まないようにしましょう。

> **Advice** CSSのルールを覚えよう!
> ★ CSSは「セレクタ { プロパティ : 値 ; }」の形で書く
> ★ 複数のスタイルをまとめて指定する方法・複数の要素に対してまとめてスタイルを指定する方法がある
> ★ コメントを使ってメモを残すこともできる

4 HTMLとCSSを対応させる方法

CSSでHTML要素を装飾する際に、セレクタの書き方がいくつかあります。本書では「HTMLタグ名」「id」「クラス」にスタイルを指定する方法について見ていきます。

HTMLタグ名にスタイルを指定する

まずは、HTMLタグ名にスタイルを指定する方法です。この場合、**ページ内のすべての「p」に同じスタイルが指定されることになるので、特定の場所のスタイルを変更したい場合などには向きません。**

例）
```
p { font-size : 16px ; }
```
「p」や「h1」のようなHTMLタグに対して、スタイルを指定します

特定のid属性を持つ要素にスタイルを指定する

HTMLタグにid属性を指定し、該当の要素にスタイルを指定する方法です。下の例のように書くことで、「id="example"」がついた要素にのみスタイルを指定することができるようになります。ただし、**idはページ内で重複して存在することが許されません。同じスタイルを何カ所にも適用したい場合は、クラス属性を使用します（次頁参照）。**

例）
```
<div>
   <div id="example">ID 指定の例 1</div>
   <p> 段落 </p>
   <p id="example">ID 指定の例 2</p>
</div>
```
HTMLにid属性を指定する

同じidが2つ以上存在しても問題なくページは表示されるが、構文としてはNG

> 例
> ```
> #example { font-size : 18px ; }
> ```
> 対応するCSSのセレクタは、「#example」のように「#」のあとにid名を記述する

特定のクラス属性を持つ要素にスタイルを指定する

HTMLタグにclass属性を指定し、該当の要素にスタイルを指定する方法です。まずは、HTMLにclass属性を指定します。

> 例
> ```
> <div class="example">class指定の例</div>
> ```
> HTMLのclass属性を指定し、CSSでスタイルを指定する
> ```
> .example { font-size : 18px ; }
> ```
> 対応するCSSのセレクタは「.example」のように「.」のあとにクラス名を記述する

このように書くことで、「class="example"」がついた要素にスタイルを指定することができます。クラス属性はid属性とは違い、ページ内に同じクラスが複数存在していても問題ありません。

CSSによる装飾はクラス属性にスタイルを指定する場合が多いので、特にクラス属性での指定方法は重要です。

> 例
> ```
> <div>
>   <div class="example">class指定の例1</div>
>   <p>段落</p>
>   <p class="example">class指定の例2</p>
> </div>
> ```

> 例
> ```
> .example { font-weight : bold ; }
> ```

クラスがついたHTMLタグすべてにスタイルが適用される

セレクタ指定を組みあわせる

　セレクタの指定は1つだけではなく、複数のセレクタを組みあわせて指定することもできます。

> 例
> ```
> h1.example { font-size : 18px ; }
> ```

　上の例では、「example」クラスのついたh1タグという指定になります。
　セレクタ同士をスペースなしでつなげた場合、関係するセレクタが全部ついた要素にスタイルが反映されます。このスタイルが反映されるHTMLの例は次のようになります。

> 例
> ```
> <h1>classなし大見出し</h1>
> ```
> → スタイルが反映されない
>
> ```
> <h1 class="example">classあり大見出し</h1>
> ```
> → クラス「example」のついたh1にだけスタイルが反映される

　では、スペースを空けてセレクタを複数指定したときはどうなるでしょうか。

> 例
> ```
> .example h1 { font-size : 18px ; }
> ```

　セレクタ間にスペースを空けた場合は、入れ子構造になった要素のスタイルを指定する方法になります。上の例では「example」クラスのついた要素の中にある「h1」タグにスタイルが反映されます。

> 例
> ```
> <div class="abcde">
>   <h1>classなし大見出し</h1>
> </div>
> 
> <div class="example">
>   <h1>classあり大見出し</h1>
> </div>
> ```
> → クラス「example」のついた要素の中にあるh1にだけスタイルが反映される

セレクタを複数使う場合、スペースのありなしで意味が変わるので注意してください。

CSSとHTMLを対応させる方法を覚えよう

★ HTMLとCSSを対応させる方法は何種類かある
★ クラス属性にスタイルを指定する方法が多く使われる
★ セレクタは複数指定できる。ただし、スペースの有無で意味が変わるので注意する

5 CSSを書く場所

CSSを適用させる方法は次の3つがあります。

❶ HTMLタグに直接書く方法
❷ head内に書く方法
❸ CSSファイルに書く方法

WordPressのテーマの場合は、style.cssというファイルにCSSが書かれていることがほとんどです。そのほかのWebサイトでも、多くの場合、❸の「CSSファイルに書く方法」で書かれています。それぞれどのように書くか見ていきましょう。

❶ HTMLタグに直接書く方法

HTMLタグに「style」属性を使って直接スタイルを指定する方法です。「インライン記述」や「インラインでCSSを書く」といった呼び方をすることもあります。

特定の場所をピンポイントで装飾できる反面、同じスタイルを別の場所で使いたいときは同じstyle属性を何度も書く必要があるので、あまりおすすめはできません。

```
<p style="color: red;">HTMLタグに直接スタイルを指定する</p>
```

❷ head内に書く方法

headタグ内にstyleタグを書き、その中にCSSを書く方法です。

例
```
<head>
  <style type="text/css">
    p {
      color: red;
    }
  </style>
</head>
<body>
  <p>HTMLタグに直接スタイルを指定する</p>
</body>
```

　WordPressのテーマのカスタマイズでは、headタグ内にCSSを直接書き込むことはほぼありません。ただし、カスタマイザー内の「追加CSS」や利用するプラグインで別途設定できるCSSなどは、headタグ内に出力されることがあります。

❸ CSSファイルに書く方法

style.cssなどのファイルにCSSを書く方法です。

例
```
<head>
  <link rel="stylesheet" href="https://h-w-b.net/wp-content/themes/my-theme/style.css">
</head>

p {
  color: red;
}
```

CSSファイルを読み込むための記述をheadタグ内に書く。これにより、ページ内でCSSファイル内（styl.css）に書いたスタイルが反映されるようになる

CSSファイル（styl.css）には、ページ内に適用するスタイルを記述しておく

　WordPressのテーマには、style.cssというCSSファイルが必ず存在するので、カスタマイズする際はstyle.cssを編集するようにしましょう。

Advice WordPressのテーマのカスタマイズではCSSファイルを編集する

★WordPressのテーマをカスタマイズする場合、style.cssにCSSを書く

6　CSSの優先順位

　CSSの反映には優先順位があります。カスタマイズを進めるにあたって、**覚えておきたいCSSの優先順位**について見ていきます。

CSSは後のスタイルで上書きされる

　次のようなCSSがあった場合、pタグにはどのスタイルが反映されるでしょうか？

　正解は、最後の「p { color: green; }」のスタイルが反映されます。このように、CSSは後に登場したスタイルが優先的に適用されます。

例
```
p { color: red; }
p { color: blue; }
p { color: green; }   ← CSSは、最後に指定したスタイルになる
```

idやクラス指定によって優先度が変わる

　CSSは後から登場したスタイルが優先されました。では、次のような場合はどのスタイルが反映されるでしょうか？

　正解は「#title { color: red; }」のスタイルが反映されます。

例
```
<h1 id="title" class="title-text">CSS の優先順位 </h1>
   ← HTMLの記述内容
#title { color: red; }
.title-text { color: blue; }      ← 先に登場していても、優先度が高い
h1 { color: green; }                 id指定のスタイルが反映される
   ← CSSファイル (styl.css) の記述内容
```

　CSSのセレクタには優先順位があり、優先順位の高いセレクタを使っていれば、後から同じスタイルを書かれても上書きされることはありません。

セレクタの優先順位は「詳細度」を計算することで導き出すことができますが、少し難しい話になるので、まずは次のようなルールがあると覚えてください。

● セレクタの優先順位

1. !important
2. インライン記述
3. id指定
4. クラス指定
5. HTMLタグ名指定

優先度 高→低

「!important」は最優先になる

「!important」は、値の後ろにつけることによって優先的にそのスタイルを適用させるための命令です。次のように書きます。

例
```
p { color: red !important; }
p { color: blue; }
p { color: green; }
```
このような書き方をすることによって、「p { color: red !important; }」が適用される

「!important」を使うことで優先的にスタイルを適用できますが、多用しすぎると後からスタイルを上書きしたくなったときに「!importantが邪魔でスタイルが変更できない！」という状況になるおそれがあるので、なるべく使わないようにしましょう。

また、同じ優先順位のセレクタ同士の場合は、複数セレクタを使って指定した場合のほうが優先されます。

例
```
<header class="site-header">
<h1 class="title">CSSの優先順位</h1>
</header>

.site-header .title { color: red; }
.title { color: blue; }
```
この例では、「.site-header .title { color: red; }」のスタイルが適用される

セレクタを組みあわせて優先度を調整しながらスタイルを適用させていくのが、カスタマイズをしていくうえで非常に重要なポイントになります。

Advice WordPressのテーマのカスタマイズではCSSファイルを編集する

★ CSSの反映には、優先順位がある
★ セレクタの指定を調整してカスタマイズ内容を反映させていく

7 よく使うCSSプロパティ

ブログのカスタマイズでよく使うCSSのプロパティの一例を紹介します。CSSのルールとしては紹介した値以外にも指定できる場合があるので、詳しくはリファレンスなどを参照してください。

CSS リファレンス
https://developer.mozilla.org/ja/docs/Web/CSS/Reference

項目	内容
文字サイズ「font-size」	`font-size: 16px;`
	文字サイズを変更する場合は、「font-size」プロパティを使用する。「16px」などの「px」や、「~倍」のように相対的な大きさを指定する「em」などで文字サイズを指定する
文字の太さ「font-weight」	`font-weight: bold`
	文字の太さを指定する場合は「font-weight」を使用する。「bold」で太字、「normal」で標準の太さになる。ほかにも「400」といった数字を指定することもできるが、フォントが対応していない場合もあるので、「bold」か「normal」で太さを調整する
文字揃え「text-align」	`text-align: center;`
	文字の揃え位置を指定する場合は「text-align」を使用する。「left（左）」「center（中央）」「right（右）」などを指定する
文字の色「color」	`color: #333333;`
	文字の色を指定する場合は「color」を使用する。「#333333」のように「#」と3桁もしくは6桁のコードを使って指定する方法と、「red」などの色名で指定する方法がある
要素の背景色「background-color」	`background-color: #07689f;`
	要素の背景色を指定する場合は「background-color」を使用する。「color」同様、コードか色名で指定する

要素の周りに線を引く「border」	`border: 1px solid #000000; /* 上下左右に線を引く */`
	`border-top: 1px solid #000000;    /* 上だけ線を引く */`
	`border-bottom: 1px solid #000000; /* 下だけ線を引く */`
	`border-right: 1px solid #000000;  /* 右だけ線を引く */`
	`border-left: 1px solid #000000;   /* 左だけ線を引く */`

		要素の周りに線を引く場合は「border」を使用する。値には「線の太さ」「線のタイプ」「線の色」をそれぞれスペースで区切って指定する。「border :」を使った場合は、要素の上下左右4方向の線をまとめて指定することになる。「border-top :」「border-bottom :」「border-left :」「border-right :」のように上下左右別々に指定することも可能
要素内側の余白「padding」	`padding: 10px;` /* 上下左右に10pxの余白をつくる */ `padding-top: 10px;` /* 上だけ余白をつくる */ `padding-bottom: 10px;` /* 下だけ余白をつくる */ `padding-right: 10px;` /* 右だけ余白をつくる */ `padding-left: 10px;` /* 左だけ余白をつくる */	
	要素の内側に余白をつくる場合は「padding」を使用する。「padding :」を使った場合は上下左右4方向の余白をまとめて指定することになる。「padding-top :」のように上下左右別々に指定することもできる。また、「padding :」での指定も、上下左右に別々の値を設定することができる	

	`/* 上下左右 10px */`
	`padding: 10px;`
	`/* 上下 10px, 左右 20px */`
	`padding: 10px 20px;`
	`/* 上 10px, 左右 20px, 下 30px */`
	`padding: 10px 20px 30px;`
	`/* 上 10px, 右 20px, 下 30px, 左 40px */`
	`padding: 10px 20px 30px 40px;`	

	スペース区切りで複数の値を指定することができ、4つ指定すると上下左右に別々の値を指定することができるが、数によって指定する場所が違う。このとき、値が反映される順番は上から時計回りで「上・右・下・左」となることに注意する	
要素外側の余白「margin」	`margin: 10px;` /* 上下左右に10pxの余白をつくる */ `margin-top: 10px;` /* 上だけ余白をつくる */ `margin-bottom: 10px;` /* 下だけ余白をつくる */ `margin-right: 10px;` /* 右だけ余白をつくる */ `margin-left: 10px;` /* 左だけ余白をつくる */	
	要素の内側に余白をつくる場合は「margin」を使用する。「padding」と同様に上下左右まとめて指定する方法と、別々で指定する方法がある	

paddingとmarginの違いと使うポイント

　CSSで要素に余白を設定する場合、「padding」か「margin」を使用します。**「padding」が要素内側の余白、「margin」が要素外側の余白になります。**

要素周りの余白の考え方

　要素周りの余白を簡単な図にすると、次のようになります。

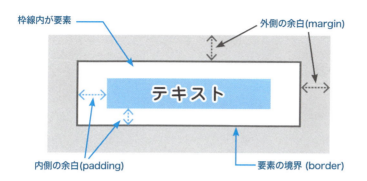

内側の余白と外側の余白は、要素の境界を意識するとわかりやすいです。「border」で要素の周りに枠線を引いたときの線が要素の境界です。要素内の文章から枠線までの余白は「padding」で指定します。「padding」を大きくすると文章から枠線までの隙間が大きくなります。

要素の前後左右の要素との距離を開けたい場合は「margin」を指定します。「前へならえ」で自分と前の人との距離を開けるようなイメージです。

「padding」と「margin」を使う例

「padding」と「margin」を使うポイントを、見出しのデザインをカスタマイズした例で見てみましょう。

見出しに背景色をつけて、帯のようにした例です。

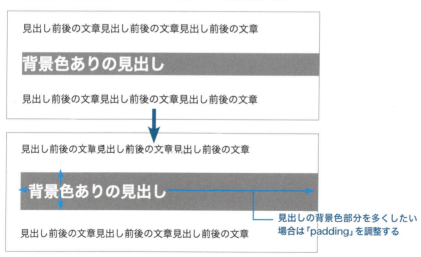

続いて、枠線をつけた見出しの場合です。

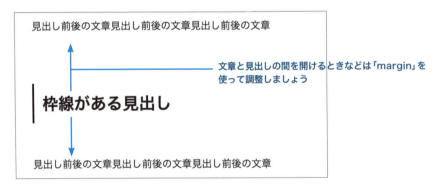

このように、背景色や枠線の内側の余白を増やしたい場合は「padding」を調整します。では、「margin」はどのようなときに使うのでしょうか。「margin」は枠線や背景色で色のつく部分の外側に余白をつくります。これまでの例であれば「margin」を調整して見出し前後の文章との距離を調整することができます。

「padding」を使って文章間の隙間を調整することも可能ですが、後々見出しのデザインを変えたくなって背景色をつけた場合、「padding」で調整していた余白部分まで背景色がついてしまい、文章とくっついて見えてしまうので注意してください。

見出し前後の文章見出し前後の文章見出し前後の文章

背景色ありの見出し

「padding」を使って文章間の隙間を調整すると、
色をつけたときデザインが崩れてしまう

見出し前後の文章見出し前後の文章見出し前後の文章

Advice　CSS「余白」で余白を扱うときのポイント

★「padding」は内側の余白、「margin」は外側の余白
★ 背景色の境界と文字の距離、枠線と文字の距離を調整したい場合は「padding」
★ 段落間や段落と見出しの隙間などの余白を調整したい場合は「margin」

9　改行する要素と改行しない要素

　HTMLタグには改行されるタグと改行されないタグがあります。ブログカスタマイズをする中で、**適切なタグを使わないと思いもよらないところで改行されてしまいます**。

改行されるタグの一例	改行されないタグの一例
● div ● p ● h1, h2, h3, h4, h5, h6	● span ● strong ● a

　たとえば、文章内の文字を装飾するために div タグを使ってしまうと、次のように文章の途中で改行されてしまいます。

文章中の特定の文字を
装飾するため
にdivタグを使うと改行されてしまう…

この例では「装飾するため」の部分を div タグで囲み、CSSで装飾している。この場合は div タグを span タグに変更することで、文章が途中で改行されなくなる

6　デザインや独自のプログラムを追加して自分のブログをカスタマイズする

> 文章中の特定の文字を**装飾するため**にdivタグを使うと改行されてしまう…

このように、使うHTMLタグによって改行される・されないに違いがあるので、思ったとおりのレイアウトにならない場合は、使うHTMLタグが間違っていないか調べる

　また、改行される・されないは、CSSで変更することもできます。「display」という要素の表示形式を指定するプロパティを指定します。「display」で指定できる値はほかにもいくつもありますが、代表的な値は「**block**」と「**inline**」です。

例
```
display: block;  /* 要素のあとに改行が入る */
display: inline; /* 改行しない */
```
　　　　　div でつくった要素に「display : inline」を指定することで、改行しない要素として表示することもできる

Advice　HTMLタグによって改行される・されないに違いがあることに注意

★ 改行されるHTMLタグ、改行されないHTMLタグがあるので、適切なタグを使う

10　スマートフォンとパソコンでスタイルを分ける方法

　パソコンではサイドバーを右に表示するけれど、スマートフォンではサイドバーは記事本文の下に移動させるなど、スマートフォンとパソコンでスタイルを分ける方法があります。

　このようにスマートフォン、タブレット、パソコンでレイアウト・デザインを変更することを「レスポンシブWebデザイン」と呼びます。「レスポンシブ対応」はスマートフォン・タブレット・パソコンそれぞれにレイアウトが調整されていることを指します。

　「**レスポンシブWebデザイン**」はサイトを見ている端末の種類で判断をしているわけではなく、端末の画面幅に応じてレイアウトを調整するしくみです。

端末の横幅に応じてスタイルを変えるCSSの書き方

実際にスマートフォン・パソコンなどでレイアウトを変えるためには次のようなCSSを書きます。

例
```
@media screen and (min-width: 768px) {
    /* ここに画面幅 768px 以上の時のスタイルを書く */
}
@media screen and (max-width: 599px) {
    /* ここに画面幅 599px 以下の時のスタイルを書く */
}
```

「@media screen and (条件) { … }」の中にスタイルを書くことで、条件を満たす場合に中に書いたスタイルが適用される

「min-width」を使った場合は、指定した横幅以上のときに適用されるスタイルになり、「max-width」を使った場合は、指定した横幅以下のときに適用されるスタイルになる

例
```
.example {
    font-size: 16px;  /* 通常は 16px */
}

@media screen and (min-width: 768px) {
    /* ここに画面幅 768px 以上の時のスタイルを書く */

    .example {
      font-size:18px;  /* 画面幅が 768px 以上の場合 18px */
    }
}
```

実際には、768px以上なら文字サイズを18pxで表示して、それ以下なら16pxで表示される指定になる

レスポンシブ対応しているテーマは、ほとんどこのようなCSSの書き方をしているので、カスタマイズする際にこのようなCSSの記述を見つけたら、画面幅を条件にスタイルを適用させていると思ってください。

Advice スマホ・PCでレイアウトを変えるときの書き方を覚えておこう
★ スマートフォン・タブレット・パソコンでレイアウトを変えるための記述がある

あとがき

　私は本書を執筆するにあたり「長く WordPress でブログを運営できる応用力が身につくような本にしたい」と思っていました。

　WordPress は自由度が高く、やろうと思えばいくらでも自分の思いどおりのサイトをつくることができますが、**自分の力で自分の思いどおりにブログをカスタマイズするためには、書籍やインターネット上の情報をそのまま参考にするだけでなく、自分のブログにあわせて変更できる「WordPress の応用力」のようなものが必要になる**と思っています。

　そのためには「このテーマ・このプラグインでできること」だけを知るのではなく、**テーマ・プラグインの設定画面はだいたいどこらへんにあるか、わからなければ何を調べればいいのか……ということを知っておくことが大事**です。

　本書の中では「yStandard」というテーマを例にしていますが、yStandard 以外のテーマの場合に確認したいポイントなどについても記載しています。

　自分がやりたいことを実現できるテーマ・プラグインを探して自分で設定ができるようになると、WordPress でサイトをカスタマイズすることが楽しくなります。ぜひ本書に書いてあることだけでなく、いろいろなテーマを試したり、プラグインを探したりしてみてください。

　WordPress 5.0、Gutenberg の登場と、今後の 5.1、5.2……とバージョンが上がるにつれて管理画面内のさまざまな部分がアップデートされ、より新しい画面へと生まれ変わっていくでしょう。
　今まで覚えていた操作方法で設定ができなくなるのは嫌な気持ちになるかもしれませんが、ぜひいろいろな部分を触って、試して、動かしてみてください。

　少し感覚的な話になってしまいますが、いろいろな設定を試して触ってみることで「勘」が鋭くなります。
　新しいプラグインを入れても設定画面がどこにあるか「勘」でわかるようになります。また、日本語対応されていないプラグインなどでも、慣れてくると英語の文章はわからなくても書いてある単語からなんとなく設定内容を予想できるようになります。

その「勘」がだんだん鋭くなると、インターネットで検索するキーワード選びも上手になり、WordPressブログの運営に関する悩みごとを自分で調べて解決できるようになっていきます。

　ブログは記事を書くことが最重要なことだと思いますが、ほかの人のブログとは違った見た目にしたり、機能を追加したりして、ぜひ「自分らしい」ブログをつくっていただければと思います。

　WordPressをより使えるようになることで、今後のブログLIFEがよりステキに、より楽しくなることを願っています。

尾　形　義　暁

Illustration　Wako Sato
Book Design　Yutaka Uetake

WordPressの達人が教える
本気でカッコよくするWordPressで人気ブログ
思いどおりのブログにカスタマイズするプロの技43

2019年4月15日　初版第1刷発行

著　者　　尾形義暁　染谷昌利
発行人　　柳澤淳一
編集人　　福田清峰
発行所　　株式会社 ソーテック社
　　　　　〒102-0072 東京都千代田区飯田橋4-9-5　スギタビル4F
　　　　　電話：注文専用　03-3262-5320
　　　　　FAX：　　　　　03-3262-5326

印刷所　　図書印刷株式会社

本書の全部または一部を、株式会社ソーテック社および著者の承諾を得ずに無断で複写（コピー）することは、著作権法上での例外を除き禁じられています。
製本には十分注意をしておりますが、万一、乱丁・落丁などの不良品がございましたら「販売部」宛にお送りください。送料は小社負担にてお取り替えいたします。

©YOSHIAKI OGATA & MASATOSHI SOMEYA 2019, Printed in Japan
ISBN978-4-8007-2064-1